图　解
珍藏版
————

急诊急救
疫苗接种

张思莱 / 著

科学育儿全典

张思莱

中国妇女出版社

CONTENTS
目录

CHAPTER 1

意外伤害
与急诊急救

眼内异物如何处理

Q 我的孩子外出时眼睛进了沙子，他要用手揉眼睛，我知道这样做容易划伤眼睛，没有让他揉。但我也不知道如何处理，是不是需要去医院？

A 你做得非常对！孩子眼睛进入异物，如沙子、灰尘以及眼睫毛，会让他感到不舒服。有些异物由于表面并不光滑，如果孩子去揉眼睛就会造成眼球的伤害。大多数异物会随着眼泪流出来，但是有些异物流不出来，这时家长可以用生理盐水（如果家中没有生理盐水也可以用清水）冲洗眼睛，让异物流出来。操作时，一位家长左手撑开孩子上下眼皮，右手拿生理盐水或淋浴花洒冲洗15分钟（图1），另一家长打120急救电话。如果是生石灰，一定要先吹出来，再冲洗。紧急情况下，不需要找生理盐水，自来水即可。如果是有害液体，应马上放倒孩子进行冲洗，哪怕不用洗手或直接用饮料冲洗都行。冲洗的作用在于稀释，缩短有害物质对眼睛的损伤时间。抗感染治疗是后续的事情。

图1

如果是无害的灰尘、沙子、眼睫毛、小虫子，滴人工泪液冲洗出来就好了。如果异物停留在眼内，可以让孩子面对光源坐下，上身稍后倾，检查上下眼睑。检查上眼睑时让孩子眼睛向下看，家长用拇指和食指捏住上眼皮，轻轻向上翻即可（图2）。检查下眼睑时只需轻轻将下眼皮向下外翻即可（图3）。如果发现异物，可以用干净的湿棉签将异物清除，然后滴一滴抗生素眼药水。如果家长找不到异物就要尽快去医院请医生帮助处理。

图2　　　　图3

另外，家长要避免让孩子接触有害液体、固体，如84消毒液、洁厕灵等。此类物品一定要收好、藏好。同时，还要注意远离施工现场（尘土飞扬的工地、家庭装修、切割木头的作坊）。

（以上部分内容摘自北京市人民政府《急救手册（家庭版）》和留美小儿眼科医生王心蕾《眼睛健康笑眯眯》）

耳内异物如何处理

Q 我孩子刚2岁，在公园玩时一只小虫子爬进耳朵里，孩子一直哭闹，我该如何处理？如果孩子淘气往耳朵内塞进异物又该如何处理？

A 孩子耳内有小虫子，家长千万不要用掏耳勺乱掏。因为这样做反而刺激小虫子更向里爬，如果爬进中耳鼓膜旁，孩子会更难受。这时家长需要冷静，仔细查看是什么虫子爬进耳朵里，如果是蚊虫，利用蚊虫趋光性，用手电筒照射，蚊虫就有可能自行爬出来（图4）。或者滴几滴消好毒的植物油，让蚊虫窒息死后取出。当然最好的办法就是及时去医院，医生会使用乙醚或者氯仿将蚊虫麻醉后用专用的医疗器械取出。

图4

如果耳朵塞进异物，尤其是豆子类的异物，家长不要硬用掏耳勺或者小镊子去取，这样不但取不出来，还可能会将异物推到深处，伤及外耳道，引起感染。

对于这样的异物，尽量去医院请医生及时取出，否则耳朵内潮湿，豆子等植物种子还有可能膨胀，会更难取出。

鼻腔异物如何处理

Q 我的孩子已经3岁了，很淘气，今天将一个黄豆塞进鼻孔里，我们也取不出来，只好去医院请医生处理。医生用了1％的地卡因和1％麻黄素喷入鼻腔才用镊子取出。请问以后再发生这个情况，我能在家里处理吗？

A 随着孩子精细动作的发展，再加上好奇心强，1岁以上的孩子常常会把一些小的豆子、果核以及小纽扣、纽扣电池等塞进鼻孔中。孩子往往不告诉大人，一直到鼻孔发出臭味甚至流出脓血分泌物时才发现。也有的是家长发现了自己试图取出，反而将异物推进鼻腔更深处。对于学龄前尤其是幼儿的家长来说，看护孩子的职责绝对不能疏忽。不能给孩子玩过小的玩具、豆类、小纽扣之类的东西，孩子不能离开大人的视线，一旦发现有异物塞进鼻孔，不要在家里自己处理，应及时去医院请医生来处理。

气管异物的预防与抢救

Q 过春节时，各地公开报道有几个孩子因吃花生、开心果、年糕，发生气管异物而失去了生命。这是血的教训！如果家长不大意就不会发生这种事情了；如果家长争分夺秒进行抢救也可能不会让孩子失去生命。请您教给我们如何抢救气管异物的患儿，以及平时该怎么预防呢？

A 气管异物是发生在瞬间的事情，严重危害着孩子的生命，很多孩子因此失去了生命。有的孩子虽然被抢救过来，但是留下终身残疾，这对于父母和孩子都是终生的悔恨。因此，做好气管异物的预防工作十分重要。

为什么孩子容易发生气管异物？这与孩子的生理结构有关：人的会厌是食物和空气进入的通道，食物或者空气通过会厌软骨各行其道，食物进入食道，空气进入气管，互不干涉、有条不紊地工作着。但婴幼儿时期由于会厌软骨及一些神经反射发育未成熟，所以在婴幼儿口含异物哭闹、大笑，或其他意外致使婴幼儿注意力突然分散时，异物会瞬间随气流进入气管。一旦异物进了气管，气管管腔狭窄，且气管壁布满了神经末梢，这些神经末梢密集、敏感，所以即刻反应强烈，出现呛咳、憋气、呼吸困难，进而发生喉痉挛，甚至呼吸停止，孩子死亡多在这个时候发生。即使抢救过来，常常因为大脑缺氧严重或者缺氧时间长，致脑组织受损，成为植物人或出现智力严重落后、失语、瘫痪等。

对于3岁内的孩子是不建议吃花生、瓜子、开心果、核桃等坚果以及年糕、果冻这类食物的，另外家长也要注意在孩子够得到的地方不能放药瓶、带有小物件的玩具和物品，包括衣服上的纽扣、坏的气球、安全别针、戒指、小球、笔帽、糖果、纽扣电池和药片等。因为这些物件对于好奇心强、喜欢什么都放进嘴里尝一尝的孩子很容易发生气管异物。另外，家长给孩子买玩具一定要选择正规厂家生产的、具有3C认证安全标志的、符合相应年龄段的玩具，预防不合格的玩具小零件脱落孩子误吞。

同时，孩子在吃东西的时候尽量少说话，不要让孩子养成边走（跑）边吃东西的坏习惯。家长也不要在孩子吃东西的时候逗引他。

一旦发生气管异物，家长不要惊慌，要及时、冷静地进行处理。

如果孩子发生气管异物还能够呼吸、说话或哭出声来，且张开嘴看见异物的话，可以使用筷子或者小钩子将异物取出来。如果孩子呛咳，鼓励孩子用力咳嗽，通过咳嗽将异物咳出。如果看不见异物，家长要及时带孩子去医院急诊，请医生帮助取出。家长千万不要自行用手掏，防止异物进到更深处。

如果孩子面色青紫，不能呼吸，哭不出声，甚至昏迷丧失意识，家长在拨打急救电话120的同时应立刻采用海姆立克抢救法，争分夺秒不能耽搁，争夺抢救生命的关键4分钟。如果超过这段时间，即使抢救过来也会因为长时间脑缺氧致使孩子发生永久的痴呆。

海姆立克抢救法如下。

● 1岁内的婴儿发生气管异物的紧急

处理：用一只手托着婴儿的下颌，让婴儿趴在大人的腿上（图5），咽部的位置低于身体的其他部位，否则异物会更加深入，反而更加危险。然后用另一只手掌根部用力迅速连续叩击间胛间区5次（图6）。如果不奏效，将婴儿翻转成面部朝上、头低脚高位（图7）。用食、中指连续按压其胸骨下半部5次（图8）。如此反复进行，直至异物排出。两种方法反复交替进行，直至将异物排出。

图5

图6

图7

图8

●1岁以上的孩子发生气管异物的紧急处理：大人用手臂从宝宝后面环绕抱着他，一只手握成拳，用拇指关节突出点顶在宝宝剑突和肚脐之间，另一只手握在已经握成拳的手上，连续快速向上、向后推压冲击6~10次（图9）。如果不见效，隔几秒钟重复一次。这种做法使气道压力瞬间迅速增大，迫使肺内空气排出，使阻塞气管的食物（或其他异物）上移并被排出。

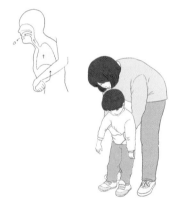

图9

孩子的肘部经常脱臼如何处理

Q 我的孩子已经2岁了。在孩子1岁多的时候，他爸爸拉着孩子的手练习走路，可能是他爸爸用力不当，孩子的右胳膊突然不能伸直，而且大哭。去医院检查，医生说是肘部脱臼了，通过手法复了位。可是，这一年来又出现几次这种情况。是什么原因引起的？我们该如何处理？

A 肘关节由肱骨、尺骨和桡骨构成，包括三个关节：肱尺关节、肱桡关节、桡尺近侧关节。这三个关节共同包裹在关节囊中，肘关节囊后方较前方薄弱，且桡骨和尺骨之间虽然有环行韧带包裹，但是韧带较松弛。婴幼儿桡骨正处于发育中，桡骨头和桡骨颈直径基本相等，受不当外力的牵拉影响很容易引起桡骨小头卡在环行韧带中，不能复位，形成牵拉肘。或者桡骨和尺骨向后脱位，引起脱臼。发生以上情况时需要马上去医院诊治，并进行复位。复位以后几天不能再牵拉患肢，否则就容易成为习惯性牵拉肘或脱臼。因此，平常训练婴幼儿学走路时一定要扶孩子的躯干或肘以上的部位。平时不可牵拉孩子的前臂、手腕或者甩孩子的胳膊，尤其在孩子跳跃、爬高和摔倒时更应该注意。

孩子吃了干燥剂怎么办

Q 我的孩子刚10个月，已经满地爬了。孩子今天爬到床底下，翻出空的鞋盒，将里面装有小颗粒干燥剂的袋子咬破吃了。我们马上带他去了医院，医生说这种干燥剂是硅胶成分，不用担心，对孩子没有什么影响，可以通过大便排出。请问真的是这样吗？

A 一般在我们生活中常见的干燥剂按成分分为四种：生石灰（氧化钙）、硅胶、氯化钙以及三氧化二铁。因为生石灰干燥剂成本低，吸湿率高达30%，食品中多是此种干燥剂。日用产品多放以硅胶为原料的干燥剂，就是你说的放在鞋盒或衣服中的干燥剂。

在婴幼儿误食干燥剂的案例中，最常见的是生石灰干燥剂或硅胶干燥剂。生石灰有很强的腐蚀性，因为遇水后生成强碱（熟石灰）同时释放出热量，所以容易烧伤和腐蚀孩子的口腔和消化道，溅入眼睛也容易造成结膜和角膜的灼伤。遇到这种情况不要惊慌，马上口服清水（按10mL/kg体重，总量不超过200mL）进行稀释，然后用牛奶、生蛋清液、橄榄油或其他植物油口服，保护创伤面，防止腐蚀加深。对于眼睛灼伤需要反复用清水冲洗眼睛，尽可能地稀释碱液，做完以上处理要马上去医院，请医生做进一步的治疗。硅胶一般是透明的，但是也有将少量二氯化钴掺入做成蓝色硅胶的，这种硅胶与水结合后由蓝变红，用以标志是否失去吸水的能力。硅胶一般没有什么毒性，不会被消化道吸收，可随着大便排出体外，不需要做特殊的处理。

氯化钙的干燥剂，主要用在大型的场所，孩子一般不会接触。误服后因为刺激性不大，只要喝清水稀释即可。但是在不明的情况下，还是应该及时去医院请医生处理。

咖啡色的三氧化二铁有轻微的刺激性，误服后只要喝清水进行稀释即可，如果大量服用，引起消化道症状，如恶心、呕吐、腹痛以及腹泻，就必须去医院就诊。

在这里也需要提醒家长，要格外注意婴幼儿的意外伤害。因为这个阶段的孩子随着运动能力的发展、活动范围的扩大，更喜欢通过自己的肢体和口腔去探索外界，但由于认知水平所限，十分容易发生意外。在这个时期，家长要很好地监护你的孩子。当孩子不明事理时，要将一些容易损伤到孩子的物品拿到离他很远的地方；当孩子能够理解一些道理后，就要告诉孩子哪些东西不能吃或者不能动，防患于未然。

烫伤的预防及处理

Q 我邻居家的孩子刚1岁。阿姨给他洗澡时没有调好水温，导致孩子上臂小面积烫伤，有人建议局部抹上牙膏，我认为不科学。如果以后我遇到这种情况应该如何处理呢？平时该如何预防烫伤呢？

A 孩子被烫伤，要及时将孩子脱离热源。如果没有穿着衣物，直接用流动的冷水（15℃～20℃）冲洗被烫伤的部位，水流不要太大，以免将烫伤破损的皮肤组织冲掉（图10）。这样做不但可以降低局部皮肤的温度，而且可以阻止高热向皮肤深处扩散，造成深层组织的伤害。或者可以将受伤部位浸泡在凉水中。记住千万不要冰敷，以免发生冻伤。一般流动水需要冲创面足够长的时间。如果孩子受烫伤的部位还穿着衣服的话，要立刻脱掉衣服进行冲洗。但如果衣服和皮肤粘连，千万不要强行脱掉衣物，可选择用凉水浸泡受伤部位的衣物，然后用剪子剪开取下衣物再进行冲洗。烫伤的部位如果出现水疱千万不要弄破，否则容易导致感染。用以上步骤处理好后，可用干净的纱布覆盖在伤口上，千万不可使用酱油、牙膏、外用药膏、蜂蜜、紫药水和红药水涂抹，以防伤口感染或者引起中毒（如红药水中的汞），接下来要及时去医院就诊。

图10

日常生活中，家长该如何让孩子远离烫伤呢？《美国儿科学会育儿百科（第6版）》中曾多次强调，当家长正在抽烟、喝热的饮品或者在炉子旁边做饭的时候，不要抱着孩子。当家长必须处理一些热的液体或者食物的时候，先将孩子放在一个安全的地方。不要将盛放热液体或者食物的容器放在桌子的边上；不要让孩子在热炉灶、加热器或火炉边爬来爬去；不能在锅中烧着饭菜而离开无人看管。家中的小电器、小物件，如吹风机、电暖气等用完要及时关闭，待冷却后才让宝宝进屋。火柴和打火机一定要收拾好，不让孩子找到。

有些家长喜欢用低温的吹风机给小婴儿吹干小屁股，但是如果使用不当，照样可以烫伤孩子。使用热、冷水两用的水龙头，不用时要放在冷水位置，同时热水器温度也要调节到合适的温度。家中所有的电器不能过多集中在一个插线板上，这样很容易因为插线板负荷过重而发生火灾。不要用微波炉加热奶液，以免受热不均匀，在孩子喝的时候烫伤嘴。

同时，家长也要教会并告诉孩子：当家中发生火灾有烟雾时，孩子应该爬行离开，以避免吸入过多的烟雾；如果孩子衣服着火了，不要疾跑，因为这样跑会使火越烧越大，而是应该随地来回打滚灭火；大火时千万不能用电梯而是急速走楼梯。

家庭成员不要在屋内吸烟，这样不但污染室内空气，使他人和自己受害，还有可能因为疏忽而发生火灾。更不能在室内燃放烟花爆竹，预防酿成火灾。

烫伤分度

Ⅰ°

皮肤损伤表皮层。表现为局部干燥，无水疱，轻微红、肿、热、痛。一般2～4天脱屑痊愈，短期留有轻度色素沉着。

Ⅱ°

◆浅Ⅱ°为表皮层和真皮浅层的损伤。表现为创面温度升高，肿胀，潮湿，长有大水疱，疼痛。一般2周痊愈，留有轻度色素沉着，无瘢痕。

◆深Ⅱ°为表皮层和真皮深层的损伤。表现为创面纬度略低，肿胀，潮湿，长有小水疱，脱皮后基底苍白或红白相间，有网状栓塞小血管和猩红色小出血点，痛觉迟钝。一般如无感染3～4周愈合，易遗留增生性瘢痕，少数需要自体植皮辅助愈合。

Ⅲ°

皮肤全层坏死或含有皮肤以下的各层组织。表现为创面呈蜡白色、碳化、皮革样，可见树枝状栓塞血管网，无痛。因此，除小面积外，需要植皮治疗，遗留严重瘢痕。

动物咬伤如何处理

Q 报纸常报道被狗咬伤的人发生狂犬病，不治身亡。我家周围的邻居还养有猫及其他宠物。请问如果被这些小动物咬伤该如何处理？

A 动物是人类的朋友，很多家庭因为喜欢小动物往往养了一些宠物。孩子在逗弄宠物的时候，有可能被宠物咬伤。虽然有的时候被咬的伤口很小，但是有可能带来严重的问题。因此家长不能忽视，要学会紧急处理。

如果被咬的伤口流血，家长应该及时按压止血，然后用肥皂水或清水清洗伤口，处理后立刻去医院做进一步处理，如预防继发感染、接种破伤风疫苗等。根据不同动物的咬伤，医生会做出不同的处理。目前，被狗或者猫咬伤比较多见。

绝大多数哺乳类动物都有可能感染

狂犬病毒，像狗、狐狸、狼、鼬、浣熊、猫、吸血蝙蝠等。此病潜伏期长，最长可达20年，一旦发病，死亡率极高，几乎达到100%，必须引起重视，并进行科学的紧急处理。被咬伤后就需要做以下处理。

● 伤口立刻用肥皂水、洗涤剂、聚维酮碘消毒剂或可杀死狂犬病毒的其他溶液彻底冲洗和清洗伤口，尽量让伤口扩大，让其充分暴露，至少持续30分钟。把伤口内的血液和小动物的唾液清洗干净。

● 用干净纱布把伤口盖上，除非伤口特别大，需要止血外，不要包扎伤口。因为狂犬病毒是厌氧的，在缺乏氧气的情况下会大量生长。简易处理后，应尽快去医院做进一步治疗。

● 立即接种狂犬病疫苗并注射狂犬病免疫球蛋白（请参见本书"狂犬病疫苗"相关内容）。

● 建议48小时后观察伤口是否有感染，如果出现感染迹象，应该及时使用抗生素。

眼部外伤如何处理

"

Q 过年时由于邻居放鞭炮，飞起的纸屑擦伤了孩子的眼睛，孩子也没有喊痛，我们看似乎没有伤及眼球，需要去医院就诊吗？

"

A 孩子的眼球是一个非常敏感的器官。眼球内的角膜、晶状体和玻璃体是眼睛的屈光系统，没有血管系统，抵抗力很低，即使轻微的外伤也很容易发生感染。因此，不管受伤是否严重，都应该去医院就诊。一般人很难判断眼球是否受伤以及受伤的程度，外表无异常表现也可能对孩子的眼部造成伤害，严重的还会影响视力。另外，如果一只眼睛受伤没有及时治疗，也有可能发生交感性眼炎，造成双眼都失明。建议眼睛外伤在家做如下处理。

● 避免压迫受伤的眼球。

● 清除眼睛周围的出血，如果是尖锐物刺伤眼球应在包扎后立即去医院处理。

● 如果是化学灼伤要立刻用大量清水冲洗眼睛，至少30分钟。

● 如果有异物千万不要揉眼睛，可以通过流眼泪将异物冲去，然后及时去医院请医生来处理（请参见本书"眼内异物如何处理"相关内容）。

2014年春节前，北京儿童医院发布了一条育儿小贴士："春节期间鞭炮密集，宝宝如何安然度过？鞭炮声音所造成的新生儿听力损伤属于暂时性的，只要不是持续地暴露在噪声环境中，新生儿听力就会慢慢恢复。正常情况下，新生儿听力在8小时内就会恢复正常。除夕晚上放鞭炮的时间可能会持续比较长，建议家长尽量关闭门窗，尤其是新生儿房间的门窗。"

对于新生儿如此，其实对于婴幼儿也应该如此处理。因为这个阶段的孩子对于突然的响声也会产生恐惧感，使得孩子睡眠时突然惊醒或者不敢去户外活动，所以做好预防工作可以避免以上问题发生。

另外，现在的鞭炮花样多，不但声音大，而且极具杀伤力，因此应该让婴幼儿远离燃放鞭炮的地方，避免高压、高温的冲击波伤害孩子，引起身体外伤和烧伤。鞭炮燃放释放的有害气体污染空气，近距离接触的婴幼儿更容易发生呼吸道的伤害，甚至诱发气管炎或哮喘。燃放鞭炮剧烈的声响可以造成噪声性耳外伤，往往一生都不能治愈。

家长选购鞭炮也要到经过国家严格审查批准的厂家和销售点去购买，购买时应注意生产批号、厂家及燃放说明，尤其是闪光雷、礼花弹之类的产品，燃放前应详细阅读说明书，严格按照操作规程点燃。禁止让幼儿自己点燃鞭炮，以免发生意外。对于已经点燃却没有响声的鞭炮，不要让孩子去捡拾，以免突然爆炸，给孩子造成近距离的严重伤害。

不同部位骨折后的家庭处理

Q 前几天3岁的儿子淘气，站在桌子上往下跳，他左胳膊着地，当时疼得不敢动。我怕孩子胳膊骨折，也不敢动孩子的左胳膊，急忙叫急救车。医生来后说："孩子左上肢骨折，给孩子做了暂时处理，接下来要去医院打石膏固定。"请问孩子不同部位发生了骨折，在家里有没有紧急的处理措施？

A 婴幼儿骨骼正在发育中，柔韧性比较强，骨骼表面组织比较厚，因此骨折往往是青枝骨折，很少通过外科手术来修复，只要用石膏固定不要活动即可。如果是开放性骨折或者完全骨折就需要手术或其他骨科手段来处理。

一般骨折的部位肿胀，孩子不但喊痛也不愿意动患处，即使孩子患肢可以活动也要警惕是否存在骨折。如果肢体没有关节的部位出现不正常的活动，受伤的肢体出现缩短、扭转、弯曲，都可能发生骨折。这时家长可以用绷带、杂志、报纸做成简易的夹板保护受伤的部位，不要搬动，也不要让孩子活动患肢，以防加重伤情。没有医生许可不要给孩子吃止痛药，以免影响医生的判断。如果局部肿胀，可以用凉毛巾湿敷局部（不要用冰或过于冰冷的毛巾敷，以免对婴幼儿的皮肤造成伤害）。如果是腿部的伤害，不要移动他，请急救医生来处理。

对于开放性骨折，家长要做的是：压迫止血，然后用干净的毛巾或者纱布（最好是无菌的）盖住伤口，但是不要试图按压凸出的骨头。

以下是北京市人民政府给市民家庭免费赠送的《急救手册（家庭版）》有关一些具体部位骨折家庭处理的指导，供家长参考。

下颌骨折家庭处理

- 口腔内如有脱落牙齿要及时取出。
- 用纱布垫或者布垫轻轻托住伤侧下巴，再用绷带和布条上下缠绕患者头部，将布垫固定住（图11）。

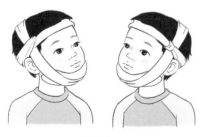

图11

- 可让患者（或者家长帮助）自己用手托住伤侧下巴，头向前倾，以便于口水流出。

上臂骨折家庭处理

如果没有伴随肘关节损伤的话，处理如下。

- 轻轻弯曲患者伤侧肘关节，将伤侧的前臂置于胸前，掌心向着胸壁。
- 在伤侧胸部和上臂之间垫上布垫，用三角巾和绷带将伤侧前臂悬挂固定（图12）。
- 可再用一条三角巾或绷带围绕患者胸部，将伤肢扎紧加固（图13）。

图12　　　　　图13

如果伴有肘关节损伤，肘部不能弯曲，处理如下。

- 让患者躺下，保持伤侧上肢与躯干平行，掌心向身体，在伤侧伤肢与胸部之间垫上布垫。
- 用三角巾或绷带轻轻围绕着受伤的上肢和躯干，在未受伤的一侧打结，三角巾和绷带要避开患者受伤的部位（图14）。

● 包扎结束后要检查患者血液循环情况。

图14

前臂和腕关节骨折家庭处理

● 轻轻弯曲患者伤侧肘关节，将受伤的前臂和手腕置于胸前，掌心向着胸壁。

● 在伤侧胸部和前臂或手腕之间垫上布垫，用三角巾或绷带将伤侧前臂悬挂固定。

● 可再用一条三角巾或绷带围绕患者的胸部扎紧，固定伤肢（图15）。

图15

● 包扎结束后要检查患者血液循环情况。

手部骨折和脱位家庭处理

● 让患者坐下，把干净的纱布或手绢折叠好，盖在受伤的手上。

● 将伤侧前臂置于胸前，用三角巾或绷带将伤侧前臂悬挂固定。可再用一条三角巾或绷带围绕患者胸部，在健侧打结，打结处与身体之间放上软垫（图16）。

图16

● 包扎结束后要检查血液循环情况。

● 运送医院时，患者应采取坐位。

肋骨骨折家庭处理

● 让患者处于半卧位或坐位，身体向伤侧倾斜，将伤侧的前臂置于胸前。

● 在伤侧胸部和前臂之间垫上布垫，用三角巾或绷带将伤侧前臂悬挂固定，以减少活动，避免因此造成更多的损伤（图17）。

● 可再用一条三角巾或绷带围绕患者胸部，在健侧打结，以加强固定（图18）。

● 包扎结束后要检查血液循环情况。

图17

图18

骨盆骨折家庭处理

● 让患者仰卧，屈膝，膝下垫枕头或衣物，同时呼叫急救车。

● 用三角巾或宽布带围绕患者臀部和骨盆，适当加压，包扎固定。

● 用三角巾或布带缠绕患者双膝固定（图19）。

● 尽量不要移动患者，直到急救车来。

图19

大腿骨折家庭处理

● 扶患者仰卧，将未受伤的腿和受伤的腿靠在一起，同时呼叫急救车。

● 在患者两腿之间，从膝关节以上到踝关节加垫衣物或折叠后的毯子等。

● 用三角巾或绷带、布带以"8"字形缠绕固定患者双足，使双足底与腿约呈

90°（图20）。

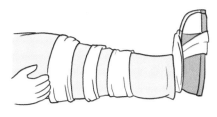

图20

● 用三角巾或宽布带缠绕患者双膝即骨折处上、下方，达到固定的目的，并在健侧打结。

● 包扎结束后要检查患者血液循环情况。

● 尽量不要移动患者，等急救车来。

膝关节骨折家庭处理

● 扶患者仰卧，稍微弯膝，在膝下垫上衣物或枕头，使患者感到舒适即可。

● 用厚布垫或棉垫包缠患者膝部，再用三角巾、绷带或宽布条轻轻包扎固定。包扎得松一些，为受伤处肿胀留出空间（图21）。

● 将患者送进医院做进一步处理。

图21

小腿骨折家庭处理

● 将患者仰卧，将其未受伤的腿和受伤的腿靠在一起。

● 在患者两腿之间，从膝关节以上的大腿内侧部位到踝关节加垫衣物或折叠后的毯子等。

● 用三角巾或绷带、布条以"8"字形缠绕固定患者双足，使双足底与腿约呈90°。

● 用三角巾或宽布带缠绕患者双膝即骨折处上、下方，达到固定的目的，并在健侧打结（图22）。

● 包扎结束后要检查患者血液循环情况。

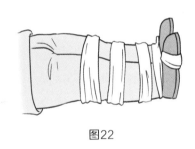

图22

足部骨折家庭处理

● 扶患者坐下或者躺下，不要搬动伤足，以免因活动造成骨折处更多的损伤和出血。

● 如果受伤部位皮肤无伤口，为减轻伤足肿胀、疼痛，可适当垫高伤肢。

● 对没有伤口的部位可以冷敷，以减轻肿胀、疼痛。

● 检查足部皮肤感觉和血液循环情况。检查时不要随意扭转伤处，以防加重损伤。

● 尽快送医院诊治。

断肢家庭处理

● 加压包扎伤口并抬高伤肢。

● 用干净手绢、毛巾包好断肢，外面再套一层不透水的塑料袋，同时注明患者姓名和受伤时间。

● 将装有断肢的塑料袋放进装有冰块的容器中保存。

● 不要清洗断肢或者直接将断肢放进水里或冰中。

● 将保存好的断肢与患者一同送往医院，交给医务人员。

脊柱损伤的家庭处理

● 不要移动患者，立即呼叫急救车。脊柱如果发生损伤会失去对脊髓的保护作用，此时实施不合理的搬动就可能损伤脊髓神经，造成严重后果。

● 用双手保持患者头和颈部不动，还可以找来衣物、毛毯等垫在患者的颈、腰、膝、踝部以固定身体，等待急救车到来。

● 如果周围环境有危险必须移动时，要在专业人员的指挥下，几个人一起将患者整体（保持头、颈和躯干在一条直线上）放到平板上，充分固定后再搬运患者脱离危险环境（图23）。如果现场没有专业人员，转移患者应尽量保持其原有的体位。

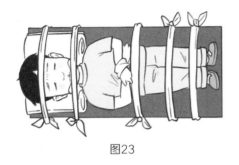

图23

（《急救手册（家庭版）》由国内著名医学专家编著，其编委为：于学忠、马桂林、王大伟、王辰、王祎坪、冯庚、朱俊、孙长怡、孙素萍、李春盛、杨萍芬、沈洪、赵平、姜绍华、贾群林、席修明、黄春、龚邦建）

溺水的预防与抢救

""

Q 曾有报道说，一个孩子溺水后被人倒背着控水，这种抢救方法对不对？我们日常应该怎么做才能防止孩子溺水呢？

""

A 倒背着控水的做法肯定是错误的！救起溺水的孩子后不要急于控水，而要马上进行心肺复苏术。

首先应快速检查孩子是不是清醒。如果孩子清醒，呼吸脉搏都有，就要呼叫120，同时给孩子保暖，陪着孩子等待急救车到来。如果孩子昏迷，但呼吸脉搏都有，呼叫120，清除口鼻的异物，让孩子采取侧卧位，等待急救车到来，并密切观察孩子的呼吸和脉搏，随时准备实施心肺复苏术。

如果溺水者为1岁以上的孩子，已经昏迷且没有呼吸脉搏，则应采取以下措施。

● 将其平躺在硬的平面上。

● 开放气道，压额头抬下巴，如果有异物用手清出。

● 立即用你的嘴严密罩住孩子的口鼻部，进行人工呼吸2次，每次吹气1秒钟，看到胸廓隆起为有效（图24）。

图24

● 胸外按压30次，即将一只手根部置于胸骨下半部，然后将另一只手放在第一只手上，按压胸部至胸部下陷至少1/3深度（图25）。每次按压后让胸部恢复到正常位置再进行下一次按压，按压频率每分钟至少100次。

图25

●人工呼吸2次，胸外按压30次为一循环进行反复（5个循环大约用时2分钟），直至急救车到来。

抢救时如有旁人在场，请他打电话呼叫120；如果没有旁人，心肺复苏术5个循环后自己打电话呼叫120。

如果溺水者是1岁内婴儿，抢救顺序与1岁以上的孩子一样，但是胸外按压是将一只手的2根手指放置在两乳头连线下方的胸骨处，按压胸部，按压深度至少是胸部深度的1/3。每次按压后都需要让胸部恢复正常位置再进行下一次按压。其他顺序和操作与1岁以上孩子的心肺复苏术相同。

对于抢救成功的孩子一定要继续观察至少24小时。如果溺水孩子对心肺复苏术反应不佳，可能孩子的问题极为严重，但是必须坚持把心肺复苏术做下去，才有可能救活溺水的孩子。

现在，我再来回答第二个问题。

我曾看到这样一句话："国外预防儿童溺水广告这么写：'即使是一只喂狗喝水的碗，都可能致婴儿溺亡！'"《美国儿科学会育儿百科（第6版）》中也谈及："对于刚出生的婴儿和4岁以下的儿童，家长和看护者千万不要将孩子单独留在浴盆、水池、浴缸、浅水池、灌溉渠和其他盛水器皿的附近，或者在这些环境附近将孩子交给别的孩子照顾，哪怕只是一会儿……即使1秒也不可以。"确实是这样的！孩子在泳池、河流、海里游泳时容易溺水，这些我们都知道。还有一些情况下的溺水，容易被家长忽视。比如，在使用小浴盆给孩子洗澡时，家长疏忽大意，让孩子离开自己的视线，哪怕只是开个门、接个电话的几秒钟时间，孩子也可能溺水。

上海市就报道了一个由于家长在给孩子洗澡时，离开孩子去接个电话而发生孩子溺水身亡的悲剧。还有一个生活中经常能够碰到的就是小婴儿在家中使用颈圈"游泳"。上海就发生过一起这样的意外，一名2月龄的男婴在家中套游泳颈圈游泳时不慎溺水。这名男婴游泳时，家人、保姆短暂转身，男婴便沉入水底，送医后呼吸心跳全无，打肾上腺素后才有微弱心跳，生命垂危。这是因为婴幼儿呛水后，水会马上进入鼻部、气管和肺部，引起窒息。所以，家中任何可装水的容器都应加装盖子，厕所马桶盖也应盖上。用完水后要将容器的水倒空，以预防不测发生。孩子玩水时大人也需要在一边看护，千万不要离开孩子。尤其是婴幼儿、智力障碍和癫痫的孩子更要密切监护。

即使幼儿或学龄前儿童在游泳池中也不要坐躺在充气垫子和充气玩具上玩耍，万一充气玩具或者垫子突然漏气，孩子也会落入水中发生意外。

摔碰后牙齿松动或掉落如何处理

Q 我的孩子已经2岁了，活泼好动，昨天从沙发上摔到地上，门牙碰到地面，嘴里流血了，一颗牙齿有些松动，一颗牙齿磕掉了。请问我们该如何处理？那颗松动的牙齿需要拔掉吗？

A 家长应该带孩子到口腔门诊检查，只要孩子没有感觉到疼痛，也不再出血，可先保留那颗松动的乳牙进行观察。同时，这几天避免进食比较硬的食物，以免进一步损伤这颗牙齿。如果这颗牙齿逐渐变色，就不能保留它了，要拔掉安装上义齿，当孩子6～7岁时随着换牙自然就会替换它。

对于那颗已经摔掉的牙齿，由于牙齿脱落出牙槽窝，家长不要丢弃磕掉的牙齿。这是因为婴幼儿正处于生长旺盛时期，而且组织修复再生的能力很强，如果处理得当，牙齿很容易再植成功。磕掉的牙齿不能长时间地暴露在干燥的环境中，也不能将牙齿用纸巾或者手帕包起来再去找牙医，这样会使牙根面的牙周膜细胞坏死，进而影响牙齿再植后牙周膜的愈合。最佳的处理办法就是拿着磕掉的牙齿的牙冠（不要拿着牙根部），用生理盐水冲洗干净。如果当时没有生理盐水也可以采用自来水进行冲洗干净。大一点儿的孩子可以放进原来的牙槽里保存；小孩子放进牙槽有可能会吞咽，因此可以放进生理盐水或者全脂鲜牛奶中冷藏保存在塑料容器里（最多存放2小时），然后交给就诊的牙科医生。

在冲洗的过程中千万不要擦拭和用刀刮，这样会伤害牙周膜组织，影响再植成功。当然就诊的时间距离磕掉牙齿的时间越短，再植的成功率就越高。如果无法再植，那么需要在牙齿所在处做个间隙保持器或者做个义齿安装上，防止其他的牙齿挤占了它的位置，影响日后恒牙的萌出和美观。

跌落伤的预防与处理

"

Q 我的宝宝10个月，已经学会爬了。有一天由于我们一时疏忽，孩子掉在地上，开始大哭。我们安慰后他就睡着了，但我们很害怕，会不会有什么后遗症？怎么观察？用去医院吗？我们平时该怎么预防孩子摔到地上呢？

"

A 首先我要批评这样的父母，当孩子已经能够自己爬（包括坐）了——能够自己主动移动身体，孩子的活动天地就大了，再加上对周围的事物充满了好奇，愿意自己去探索，在孩子周围潜在的一些危险因素就要求家长要格外小心，细心照料孩子，保护他们的安全。

当孩子摔在地上时，家长首先要检查孩子有没有外伤，包括皮肤、四肢、骨骼、关节和头颅。如果有皮下血肿可以用毛巾冷敷，促进血管收缩，以减少出血；皮肤有伤口，可以用干净纱布覆盖上，一定要先止血，保持伤口不要继续污染，马上去医院；如果关节活动受限或骨骼出现问题，一定要保持原来的姿势去医院就诊，千万不要自行处理。当以上处理完毕后，家长要注意观察孩子的神志是否清醒；有无呕吐，是什么样子的呕吐。如果孩子有颅内损伤，就会表现出哭闹、萎靡不振、激惹（一惊一乍），甚至出现惊厥等，并出现喷射性呕吐。此时，家长应马上抱孩子去医院就诊。如果开始时没有什么症状也要观察3天，防止颅内有进行性的病变。

跌落伤是孩子比较容易出现的一种意外伤害。随着孩子大运动的发展，孩子很可能因跌落而受伤。而且，跌落伤主要发生在家里，所以家长一定要做好预防工作。

在婴儿时期，很多家长认为孩子还不会翻身，不会坐，也不会爬，所以把孩子放在床上让他睡觉很安全，接着家长就会离开做别的事情，没有想到不会翻身的小婴儿竟然坠床了。这是因为孩子睡醒后四肢会不停地活动，尤其是双脚会蹬踹床板，结果孩子由于双脚蹬踹床板，导致身体后移，发生了坠床。

孩子睡觉时最好睡在自己的小床里。婴儿床要选择木质材料做的，不会像金属床那样冰凉，孩子摸起来舒服些。床的大小根据自己屋的面积决定。床的高矮最好与母亲的床一样高，床的护栏四面要固定。孩子还不会坐之前，床垫到床栏最高处大约23cm，一旦孩子学会坐以后就要降低床垫，要求床垫到床栏最高处为70cm，以防止孩子翻出床栏而发生意外。婴儿床栏的间隔必须小于5cm，以防止婴儿的头、腿、手臂伸出而发生意外。同时，婴儿床上不建议放进其他物品或玩具，以免孩子将这些物品叠在一起踩在上面从床栏杆翻出去。孩子90cm高时就要换婴儿床了。

一旦孩子学会爬，便开始脱离大人独立行动了。这时孩子活动的范围一定要在大人的视线中。尤其是随着孩子好奇心增强，喜欢爬高，学会走以后，往往喜欢探索，会去一些危险的地方或者高处。家长此时更不能让孩子离开自己的视线，而要跟着孩子。做家长的既要放手让孩子独立行动，也要在危险时刻能够及时伸手相助，以预防不测发生。

婴儿床、椅子和桌子要远离窗户。将所有的窗户安装纱窗和窗栏，使得孩子无法打开或者推开窗户，避免将身子探出窗外发生意外。家中有棱角的家具要包好，以防孩子走路时不慎跌倒撞在家具的棱角上。不让孩子进的房间一定要提前锁好门。

家中如有楼梯，则要保证良好的照明。楼梯的一侧要有扶手，便于孩子扶持。外出乘自动扶梯时，建议家长要拉着孩子的手乘自动扶梯。由于自动扶梯上有小的缝隙，会夹住孩子的鞋带、裤子底部边缘、围巾、细绳和长裙，所以家长应该帮助孩子收拾好再乘自动扶梯，以免发生意外。同时，不要给孩子穿洞洞鞋。如果带孩子乘坐电梯时，还带有大件物品，下电梯时一定先让孩子出电梯，然后再搬物品。

误吞毒物的处理

这种情况，我们该怎么处理呢？

Q 在新闻上看到一个孩子2岁，因为大人没看住，误服了家里的农药，家长发现的时候孩子已经快不行了，赶紧送到医院。但让人遗憾的是，孩子最终还是没有抢救过来。这种新闻太让人伤心了。万一日常生活中遇到

A 当误吞毒物后，如果孩子的意识丧失或者呼吸停止，家长应立即采取急救措施，同时请旁人或者家人拨打120。如果家长不清楚孩子吞食的是什么毒物时，一定要将孩子的呕吐物以及装有毒物的容器

带给医生，好让医生做进一步检查，明确是什么毒物，以便更好地采取有效的抢救措施。

如果孩子是清醒的，千万不要给他催吐，因为这样很可能致使咽喉或食道再次受到伤害。家长应该给孩子喝大量牛奶或者清水，稀释毒物并保护食道和胃肠黏膜。

在这里，我还要提请家长注意家中的各种清洁剂、药品、化妆品、涂料、杀虫剂、汽油等，一定不要放在孩子可以够到的地方。尤其对于1～3岁的孩子，家长更要小心看护，预防孩子因不明事理而酿成大祸！

向高空抛接或摇晃孩子是否会产生伤害

Q 女儿3个多月大时，常被她爸爸往高空抛接或摇晃。我听说这样会对她大脑造成什么不良影响，是这样的吗？

A 对婴儿轻柔而有节奏的摇晃，有助于孩子平衡器官和运动器官的发育。但如果像孩子爸爸那样将3个月大的婴儿往高空抛接或者剧烈摇晃是十分危险的。因为小婴儿大脑发育不成熟，大脑组织中毛细血管丰富，缺乏结缔组织支持，而且大脑的比例相对于成年人的大，整个脊柱支撑能力很差，在向空中抛出和向下降落时，很容易使孩子的大脑与颅骨相碰撞，造成大脑表面组织和大脑内部小血管的广泛破裂出血，其后果相当严重！而且这种向高空抛接、摇晃的动作也容易使孩子发生脑震荡和脊柱损伤。另外，这个阶段的孩子眼睛中的视网膜也很娇弱，这样的动作也会造成视网膜的损伤，引起孩子视力的伤害。如果家长意外失手，将出现悔恨一生的场面。这样的例子不是没有的，告诫喜欢这样做的父母："为了孩子健康地成长，千万要停止这样的活动！"

CHAPTER 2

疫苗
接种

基础知识

疫苗是什么？我们为什么要接种疫苗

"

Q 什么是疫苗？现在孩子接种的疫苗既有注射的，又有口服的；有灭活的，还有减毒活疫苗。请问接种疫苗的意义是什么？

"

A 这个问题很好，有关疫苗的问题，很多父母都存在认识上的误区。

疫苗的定义

世界卫生组织给出的疫苗定义是，意图通过刺激机体产生抗体对一种疾病形成免疫力的任何制剂，即疫苗是将病原微生物（如细菌、立克次氏体、病毒等）及其代谢产物，经过人工减毒、灭活或重组基因工程等方法制成的用于预防传染病

的自动免疫制剂。疫苗保留了病原体刺激人体免疫系统的特性。当人体接触到这种不具伤害力的病原体后，免疫系统便会产生一定的保护物质，这种物质叫作抗体。当身体再次接触到这种病原体时，身体的免疫系统便会依循原有的记忆，制造更多的保护物质来阻止病原菌的伤害，从而保护人体。不同的细菌或病毒会产生不同的抗体，称为特异性抗体。疫苗分为许多种类，按性质分为灭活疫苗、减毒活疫苗、多糖疫苗、亚单位疫苗和重组基因工程疫苗等。疫苗的最常见使用方法是注射、划痕，但也有一些口服或鼻雾剂喷雾用。

生活中有不少导致人类生病的有害生物，包括一些在人类之间传播疾病的病毒、细菌、支原体以及某些原虫等。这些有害的生物一旦侵犯人体就会严重威胁人的健康，甚至造成死亡，并且还会大规

模地传播，让更多的人患病。目前世界公认，接种疫苗是最经济、最有效的预防疾病的一种方法。人类需要有计划地利用疫苗进行预防，以提高人群的免疫抗病能力，达到控制和最后消灭相应传染病的目的。这正如《诸福棠实用儿科学（第8版）》所述，预防接种指利用人工制备的抗原或抗体，通过适宜的途径接种于机体，使个体和群体产生对某种传染病特异性的自动免疫或被动免疫。预防接种是免疫规划的核心，是免疫规划工作的重要组成部分。

接种疫苗的意义

疫苗接种对于婴幼儿来说尤为重要。婴儿出生后，从母体中获得一些保护性抗体，这些抗体保护婴儿免受各种传染病的侵袭。随着月龄的增长，由母亲给予的保护性抗体逐渐消失，宝宝慢慢失去了来自母亲抗体的保护。与此同时，婴幼儿自身的免疫系统发育还不成熟，处在继续发育的过程中，自身免疫系统所产生的抗体远远起不到保护机体的作用。因此，婴儿阶段体内血清主要保护抗体的总体水平在出生后3～5月龄逐渐降至最低，到婴儿6个月后基本消失为零，此时孩子的免疫水平处于最低。婴儿由于既失去了母传抗体又缺乏自身免疫系统产生的抗体的保护，所

以婴儿从3个月以后各种传染病来袭时，最容易"中标"而生病。这些传染病其传染性之强、传播之广，使孩子患病后病情严重、并发症高、致残率高，死亡率也高，成为每个患儿家长尤为担忧的事情。即使经治疗后患儿痊愈，高额的治疗费用以及家长付出的精力也不是一般家庭所能承受的。

2016年12月6日，国家卫计委办公厅发布了《国家免疫规划儿童免疫程序及说明（2016年版）》，并在一般原则中指出，起始免疫年（月）龄为免疫程序表所列各疫苗剂次的接种时间，是指可以接种该剂次疫苗的最小接种年（月）龄。儿童年（月）龄达到相应疫苗的起始接种年（月）龄时，应尽早接种，建议在推荐的年龄之前完成国家免疫规划疫苗相应剂次的接种。目前，我国卫健委发布了儿童免疫程序，全面推行计划免疫方案。其中包括一类疫苗，属于计划内疫苗，是国家免费接种的疫苗，也是儿童必须接种的；还有一部分疫苗属于二类疫苗，即扩大免疫疫苗，根据家庭的情况自费选择接种。其实，二类疫苗在发达国家都属于计划内疫苗，如果条件允许也应尽量接种。

另外，我国规定儿童必须严格按照免疫程序的先后顺序和要求来实施接种，使得人群达到和维持高度的免疫水平。

什么是人工自动免疫制剂

Q 每次孩子进行预防接种都会有不同的反应，而且接种的针次也不同，这是为什么呢？医生说是人工自动免疫制剂不同的缘故，是这样吗？

A 人工自动免疫制剂就是向人体内接种某种抗原，在抗原的影响下，机体自动产生免疫力，同时在血清中有相应的抗体出现，从而产生对抗相应疾病的能力。换句话说，这些人工免疫制剂就是抗原。自动免疫制剂在接种后经过一段时间才产生抗体，当抗体产生后免疫力就会持续很长的一段时间。当免疫力作用最强势的时候过去后，人体免疫力会逐渐减弱。如果此时再次接种同种免疫制剂，一般很容易使抗体再度提高，免疫力增强。所以，在完成各种免疫预防制剂的基础免疫后，需要根据不同预防制剂的不同免疫持久性给予加强免疫，以巩固免疫的效果。这就是为什么接种不同的疫苗，针次会不同。

人工自动免疫制剂包括以下几类：菌苗、疫苗和类毒素。

●菌苗是由细菌菌体制成的，分为死菌苗和活菌苗。死菌苗一般选用免疫性好的菌种经处理灭活后，稀释到一定浓度制成，例如百日咳菌苗、伤寒霍乱菌苗。这类菌苗进入人体后因为已经灭活不能再生长繁殖，对人体刺激的时间短，产生的免疫力不高，为了让人体获得高而持久的免疫力，需要多次接种。减毒活菌苗一般选择无毒或者毒性很低但免疫性比较高的菌种培养繁殖后制成，例如卡介苗。活菌苗接种到人体后可以生长繁殖，但是不引起疾病，对人体刺激的时间较长，接种量小，免疫力持续的时间较长，免疫效果好。但由于是活菌苗因此有效期短，需冷藏保管。

TIPS：同一种疫苗是进口的好，还是国产的好

很多妈妈都问过我，带孩子去医院接种，同一种疫苗有进口的也有国产的，且国产的是免费的，进口的是自费的，那么究竟是国产疫苗好还是进口疫苗好？我首先要明确指出，不管是国产的疫苗还是进口的都是国家药品监督管理局批准生产和进口的，都通过了国家卫生部门的严格检查和检验，都是符合世界卫生组织现行的《良好生产规范》的，所以都是安全、可靠、有效的疫苗。国产和进口疫苗的区别在于毒株和培养工艺不同，所以产生的抗体数量、预防保护持续的时间、不良反应的大小也不同，因此家长可以根据自己的经济能力进行选择。

●疫苗是用病毒或立克次氏体接种于动物、鸡胚或组织培养，经过处理后制成，分为灭活疫苗和减毒活疫苗。灭活疫苗有乙脑灭活疫苗；减毒活疫苗有脊髓灰质炎减毒活疫苗（滴剂），麻疹、流行性腮腺炎、风疹减毒活疫苗，乙型脑炎减毒活疫苗等。活疫苗的优点与活菌苗相似，但在注射丙种球蛋白或胎盘球蛋白的3周内不可以接种活疫苗，否则其免疫作用将受到抑制。

●类毒素是用细菌所产生的外毒素加入甲醛变成无毒性而仍然有免疫原性的制剂，如白喉类毒素、破伤风类毒素等。

为了达到免疫的效果，根据人工免疫预防制剂的不同，接种的次数也会不同，接种后的反应也有区别。需要注意的是，每个孩子虽然都接种了相同的免疫预防制剂，但是个别孩子（1%～5%）却不会产生相应的抗体，这不是免疫预防剂的问题。

自费的疫苗有必要接种吗

Q 带孩子去接种计划内的疫苗，医生告诉我们还有一些自费的疫苗希望我们接种，请问有必要接种吗？

A 目前确实有一部分自费疫苗需要家长选择接种。这部分自费疫苗包括扩大计划免疫疫苗（即二类疫苗），如肺炎疫苗、轮状病毒疫苗、流感疫苗等，也有一部分是替代疫苗，如脊髓灰质炎灭活疫苗、进口的五联疫苗（包含脊髓灰质炎灭活疫苗、百白破疫苗、b型流感嗜血杆菌疫苗）等。一般在发达国家，这些疫苗都是完全免费接种的计划内疫苗，但是因为我国人口众多，财政上还不能做到完全免费，所以区分了免费和自费的疫苗。由于这些疫苗都是针对儿童时期容易感染的一些传染病，从预防疾病的角度，根据自己家庭经济情况、孩子生活的环境、传染病流行的情况，建议最好还是选择都接种。

一类疫苗和二类疫苗有何分别

Q 一类疫苗和二类疫苗除了前者免费而后者自费的区别外，是否还可以认为二类疫苗不接种问题不大，孩子患相应疾病的概率低？

A 目前，我国根据国家财政状况和防病规划将疫苗划分为两类，即一类疫苗和二类疫苗。一类疫苗就是指政府免费向公民提供，除了具有医学情况不能接种的人外，公民应当依照政府的规定受种的疫苗，包括国家免疫规划确定的疫苗，省、自治区、直辖市人民政府在执行国家免疫规划时增加的疫苗，以及县级以上人民政府或者其卫生主管部门组织的应急接种或者群体性预防接种所使用的疫苗等；二类疫苗，即扩大免疫疫苗，可以根据孩子的身体状况和自己的经济实力选择接种。

一类疫苗和二类疫苗的划分不是固定不变的，比如甲肝疫苗、麻腮风疫苗、流脑疫苗在2007年以前都是二类疫苗，但随着国家经济实力的提高，这三种疫苗现在都成了一类疫苗。而且，一些省市已将一些二类疫苗实现了免费接种，如流感疫苗、23价肺炎球菌多糖疫苗、水痘疫苗。相信以后会有更多的二类疫苗转为一类疫苗，实现免费接种。由此可见，二类疫

附
一类疫苗和二类疫苗的种类

中国疾控中心免疫规划中心创办的"中国疫苗和免疫网"指示如下。

● 一类疫苗包括乙肝疫苗、卡介苗、脊髓灰质炎减毒活疫苗、脊髓灰质炎灭活疫苗第一剂、百白破联合疫苗、麻风疫苗、白破疫苗、麻腮风联合疫苗、麻腮疫苗、麻疹疫苗、甲肝减毒活疫苗、甲肝灭活疫苗、乙脑减毒活疫苗、乙脑灭活疫苗、A群脑膜炎球菌多糖疫苗、A+C群脑膜炎球菌多糖疫苗等。

● 二类疫苗包括水痘疫苗、流感疫苗、b型流感嗜血杆菌结合疫苗、23价肺炎球菌多糖疫苗、13价肺炎球菌疫苗、脊髓灰质炎灭活疫苗、五联疫苗、轮状病毒疫苗、5价轮状病毒减毒活疫苗、肠道病毒71型灭活疫苗、伤寒Vi多糖疫苗、细菌性痢疾疫苗、霍乱疫苗、A+C+Y+W135群脑膜炎球菌4价多糖疫苗等。

苗同样重要，它们也是预防相应疾病的疫苗，而且这些疾病严重威胁孩子的健康。接种二类疫苗，孩子可以获得更广泛的保护。建议儿童优先接种的二类疫苗依次为，b型流感嗜血杆菌疫苗、13价肺炎球菌疫苗、流感疫苗、肠道病毒71型灭活疫苗、水痘疫苗、流脑4价多糖疫苗、轮状病毒疫苗、霍乱疫苗。

一类疫苗的替代疫苗有哪些

Q 带孩子去医院接种疫苗，因为孩子月月生病，医生怕孩子有免疫缺陷，希望我们接种计划内疫苗的选择替代品种。请问一类疫苗有哪些替代疫苗?

A 一类疫苗确实有一部分替代疫苗，这部分疫苗是属于自费的，多为进口。替代疫苗主要是为了减少一类疫苗的不良反应，提高免疫效果。家长可以根据自身的经济条件以及孩子的身体状况，自费选用。目前一类疫苗的替代疫苗有：进口无细胞百白破联合疫苗代替吸附的百白破联合疫苗，麻腮风减毒活疫苗代替免费的麻疹、麻风二联疫苗和麻腮二联疫苗，精制乙脑灭活疫苗代替乙脑减毒活疫苗，甲肝灭活疫苗代替甲肝减毒活疫苗，五联疫苗是百白破、脊髓灰质炎减毒活疫苗、b型流感嗜血杆菌疫苗的替代疫苗，脊髓灰质炎灭活疫苗代替脊髓灰质炎减毒活疫苗，A+C群流行性脑膜炎结合疫苗代替A群流行性脑膜炎多糖疫苗和A+C群流行性脑膜炎多糖疫苗。

减毒活疫苗是注射病毒吗

Q 我的孩子8个月了，去医院接种麻疹减毒活疫苗和乙脑减毒活疫苗。接种疫苗真的是在注射病毒吗？接种时需要特别注意些什么吗？常见的减毒活疫苗都有哪些?

A 减毒活菌苗或活疫苗是通过人工的方法，将活菌或者活病毒的毒力降低到足以使机体产生类似自然感染的隐性感染，以诱发机体的免疫应答，但不产生临床症状的疫苗。一般接种一次就可以达到长期、稳定的预防效果。但是，这些活菌或者病毒虽然毒力降低，但毕竟是活疫苗，所以如果注射时消毒剂没有干燥，活菌或者活病毒接触消毒剂会凝固或死亡，从而影响疫苗的有效性。因此，接种减毒活疫苗时必须等皮肤局部消毒剂干燥后方可接种。消毒剂不可用2%的碘酊，应该用75%的酒精，注射完不要用酒精棉球按压局部

皮肤。减毒活疫苗不能接种到血管内，如注射器内见有回血需另外换地方接种。

疫苗复溶后必须半小时内使用完。如果疫苗瓶有裂纹或瓶塞松动、复溶后有摇不散的块状物，或者疫苗变红，都不可以再使用。与接种其他疫苗一样，接种此类疫苗必须留观30分钟，以备发生异常及时抢救。

常见的减毒活疫苗有麻疹疫苗、流行性腮腺炎减毒活疫苗、风疹疫苗、水痘疫苗、黄热病疫苗、轮状病毒疫苗、5价轮状病毒减毒活疫苗、口服脊髓灰质炎疫苗（2价）。

冷链对保管疫苗非常重要吗

"

Q 每次给孩子接种疫苗时，我都注意到医生是从冰箱中取出疫苗给孩子接种。医生说这些疫苗需要保冷，这是冷链中的一个环节，否则容易失效，是这样的吗？

"

A 医生说的没错。为了预防、控制传染病的发生、流行，保障人体健康和公共卫生，保证预防接种的效果，必须在各个环节上加强用于人体预防接种的疫苗类

的保管、流通和预防接种的管理工作。国务院也于2016年新发布了《国务院关于修改〈疫苗流通和预防接种管理条例〉的决定》（中华人民共和国国务院令第668号），具体内容可参考相关网站。

由于疫苗对温度敏感，从疫苗制造的部门到疫苗使用的现场之间的每一个环节，都可能因温度过高而失效。一定要保证计划免疫所应用的疫苗从生产、储存、运输、分发到使用的整个过程有妥善的冷藏设备，使疫苗始终置于规定的保冷状态之下，保证疫苗的合理效价不受损害。冷

链是指，为保证疫苗从生产企业到接种单位运转过程中的质量，而装备的储存、运输的冷藏设施、设备。这一保冷系统称为冷链系统。冷链配套设备包括贮存疫苗的低温冷库、速冻器、普通冷库，运送疫苗专用冷藏车、冰箱、冷藏箱、冷藏背包等。

2007年，卫生部关于印发《扩大国家免疫规划实施方案》的通知也明确提出，加强冷链建设，保障国家免疫规划疫苗冷链运转。要根据实施扩大国家免疫规划的需要，扩充冷链容量，完善冷链建设、补充和更新机制。疾病预防控制机构、接种单位要按照《疫苗储存和运输管理规范》的要求，严格实施疫苗的冷链运转，做好扩大国家免疫规划疫苗的储存、运输、使用各环节的冷链监测和管理工作。只有这样才能保证接种到人体上的是合格疫苗，才能达到防病的效果，保护人体的健康。

世界卫生组织重申，儿童接种过期或储存不当的疫苗后生病的可能性极低，应当不会产生任何额外的副作用和毒性反应风险。一般情况下，接种过期或不当处理的疫苗后，人体对疫苗针对的疾病可能不产生免疫能力，应该重新接种疫苗。因此，严格实施疫苗的冷链运转是十分重要的。

TIPS：接种了无效疫苗需要补种吗

世界卫生组织发布的《中国疫苗事件：问答（2016年3月31日更新版）》指出，一般情况下，接种过期或不当处理的疫苗后，人体对疫苗针对的疾病可能不产生免疫能力，因此应该重新接种疫苗。重新接种疫苗是安全的，可以立即接种灭活疫苗，也可以在28天后接种减毒活疫苗。但是，由于不同疫苗可预防疾病在不同年龄阶段所产生的风险不同，所以不是所有疫苗都有必要重新接种。诸如麻疹、风疹、甲肝、乙肝和水痘等疾病，可通过血液检测了解儿童的免疫情况和确认是否需要重新接种疫苗。若考虑重新接种疫苗，应咨询预防接种点的专业人员。

何为疫苗有效性监测卡

"

Q 我怎么知道孩子接种的疫苗经过冷

链运输是安全和有效的呢？是否有检测的工具？

"

A 确实有一种可靠的检测疫苗的工具——疫苗有效监测卡。我们知道，生产出来的疫苗常常需要长期储存，并经过数千公里运输到全国或者世界上某些偏远的地区。在漫长的运输途中，疫苗可能存在着因温度变化而受损的情况。针对这种情况，世界卫生组织和联合国儿童基金会、美国帕斯适宜卫生科技组织长期合作研发了疫苗有效性监测卡。这是一种能够全程监测疫苗热暴露情况的工具，能够从存储、运输到接种阶段，全程监测疫苗温度，帮助负责疫苗接种的工作人员确定疫苗是否仍可使用。这种检测工具方便简单

而且直观。世界卫生组织和联合国儿童基金会号召所有成员国采购、使用疫苗有效性监测卡，并于1997年开始在全球推广。卫生部2005年发布的《预防接种工作规范》提出，根据工作需要，可以选择疫苗有效性监测卡。这款世界卫生组织推荐的产品，即使温度记录仪出现了故障，终端用户也能从VVM标签的颜色变化上获知该制品是否受到了热伤害，其生物活性是否还保持在安全有效的范围内。1996年，疫苗有效性监测卡被首次使用在口服脊髓灰质炎减毒活疫苗上。它解决了冷链设备不足地区的疫苗监测问题，同时减少了疫苗的浪费。

什么是基础免疫、加强免疫、被动免疫、联合免疫

"

Q 我的孩子刚2个月，需要接种脊髓灰质炎疫苗，医生说每个月接种1剂，连续3剂，以后还要加强免疫。能给我讲讲什么是基础免疫，什么是加强免疫吗？听医生说还有被动免疫和联合免疫，这又是什么意思呢？

"

A 为了获得较好的免疫反应，有的疫苗需要先进行基础免疫，然后在规定的时

间内还需要加强免疫。这是因为某些疫苗在接种后，如脊髓灰质炎疫苗，其在机体产生抗体比较慢，一般2～4周产生抗体，其抗体水平比较低，因此需要连续接种3剂次，以维持较高水平的保护性抗体，以上即为基础免疫。达到高峰后持续一段时间，抗体水平会逐渐下降，其保护性抗体会逐渐减弱或者消失，所以需要再次加强一针，即为加强免疫。这样可以继续维持抗体水平，保证免疫力持续的时间。因此，要严格遵照规定的时间进行接种。

被动免疫就是将含有对抗某种疾病的

大量抗体的被动免疫制剂注入人体后获得的免疫力。被动免疫多用于尚无自动免疫方法的传染病密切接触者。被动免疫只能作为一种临时应急的办法，因为这类制剂注入人体后，很快被排泄掉，预防时间短（大约3周）。如果这种制剂来自动物血清，虽然用的都是精制品，但是对于人体来说是一种异性蛋白，注射后容易引起过敏反应以及血清病。被动免疫制剂包括抗毒素、抗菌血素、抗病毒素等，统称为免疫血清，另外还有丙种球蛋白和胎盘球蛋白。目前使用的被动免疫制剂有白喉抗毒素、破伤风抗毒素、肉毒抗毒素、抗狂犬病毒血清等。

联合免疫是将两种或两种以上的抗原采用疫苗联合、混合或者同次接种不同的疫苗，进行免疫接种，达到预防多种疾病的一种手段。孩子免受多次接种带来的痛苦，减少偶合反应发生的概率，医院也减少了工作量，提高了工作效率。例如，五联疫苗将原来需要接种12剂次的疫苗，减少到4剂次。

目前联合免疫有三种形式。

● 联合疫苗，包括五联疫苗、百白破联合疫苗、麻腮风联合疫苗、麻风二联疫苗、麻腮二联疫苗、A＋C群脑膜炎球菌多糖疫苗、A＋C＋Y＋W135群脑膜炎球菌多糖疫苗、甲乙肝联合疫苗等。

● 混合使用。目前只有葛兰素史克生产的b型流感嗜血杆菌疫苗可以和无细胞百白破疫苗被允许在同一支注射器中使用，但我建议最好还是使用两支注射器分别注射。

● 不同部位同次使用，例如百白破疫苗、乙肝疫苗和脊髓灰质炎减毒活疫苗可以同时接种，但是需要在不同部位分别接种。

如何看待民间的"反疫苗"行动

Q 自从近年来"接种乙肝疫苗疑似致死多名婴儿"事件发生后，我周围的一些家长都不愿意给孩子接种疫苗。我们究竟该不该让孩子接种疫苗？

A 很多家长有这样的疑惑，不知道接种疫苗到底对孩子有没有危险。《健康时报》2014年4月的报道提到，自从在湖南、广西发生"接种乙肝疫苗疑似致死多名婴儿"事件后，虽然卫计委指出这些乙肝疫苗没有质量问题，死亡的孩子与乙肝疫苗接种没有任何关联，但是导致我国10

个省市乙肝疫苗接种率下降了30%，其他疫苗接种率则平均下滑15%。乙肝疫苗风波发生后，一些家长放弃为孩子接种疫苗，不必要的恐慌可能导致我国艰难建立起的免疫屏障被轻易地毁掉。这预示着可能几年后相关疾病患病人数会增加。一些本不该患病的孩子仅仅因为家长对接种疫苗的恐慌，让孩子失去了疫苗的保护而发生相应的疾病。世界公认疫苗是预防传染病最经济、最有效的手段。正如在2014年世界免疫周，由中国疾病预防控制中心和环球健策GHS（国际非营利性咨询机构）联合举办的"疫苗免疫面面观"座谈会上，来自世界卫生组织的法比奥博士所说，想不出比疫苗更有效、性价比更高的对付传染病的方式。世界卫生组织网站免疫安全网页上明确指出，世界上没有能够保护每个接种者并且对每个人都完全安全的完美疫苗，有效的疫苗（就是能够诱导保护性免疫的疫苗）也可能产生某些副反应，但这些副反应大多轻微且很快消失。绝大多数被怀疑与疫苗接种有关的不良事件实际上不是疫苗本身所致，仅仅是偶合事件。公众或许会有"零容忍"的想法，但事实上"零风险"不存在，风险只能被削减，但不能被消除。《健康时报》的报道谈到，世界顶级权威医学期刊曾经发表了一篇认为麻腮风疫苗导致儿童自闭症发生的论文。这篇论文成为全球背景下的"反疫苗"行动的一个导火线，欧美很多国家的家长开始抵制接种疫苗，导致欧洲、美国等一些国家麻疹病例不正常地上升。后来这篇论文被证明是错误的，麻腮风疫苗与自闭症没有任何关系，这名作者之所以发表这篇论文是因为他有一项麻疹疫苗的专利，可用于部分替代麻腮风疫苗，所以诋毁麻腮风疫苗以获得自己的经济利益。虽然这名作者被撤销了行医的资格，但是造成的危害是很大的。同样，乌克兰也因为一名少年接种麻腮风疫苗死亡，导致乌克兰家长产生"反疫苗"行动，接种率下降10%，结果仅有5000万人口的乌克兰爆发了1万多例麻疹病疫情。

所以，家长应该客观、理性地看待疫苗接种，给孩子按照计划接种程序按时接种是非常重要的。家长应该正确对待和分析接种疫苗的个别病例，不能因噎废食，而且接种疫苗也不是100%的保护，受孩子健康因素、免疫功能不全或低下、使用免疫抑制剂等特殊的原因影响，都可能导致接种失败。另外，疫苗的抗原型别与当地流行的毒株不同也可导致接种无效，所以必要时需要补充接种。

世界卫生组织关于疫苗接种的传言和事实

传言1：改善个人卫生和环境卫生就能远离疾病，没有必要进行接种。错！

事实1：如果停止免疫接种计划，通过接种所预防的疾病会卷土重来。虽然改善个人卫生、勤洗手并使用洁净饮用水能保护人们远离传染病，但无论环境多么清洁，许多传染病依然能够传播。如果不进行免疫接种，一些已经不常见的疾病，如脊髓灰质炎和麻疹，会很快重新出现。

传言2：疫苗尚有不为人知的若干具有危害性的长期副作用，疫苗接种甚至可致人死亡。错！

事实2：疫苗非常安全。对疫苗的大多数反应，如胳膊酸痛或轻度发热，通常都是轻微和暂时的。出现非常严重的健康事件的情况极为罕见，并且会得到细致的监测和调查。疫苗可预防的疾病产生严重危害的概率要远大于疫苗产生危害的概率。例如，脊髓灰质炎能导致瘫痪，麻疹能导致脑炎和盲症，一些疫苗可预防的疾病甚至能导致死亡。疫苗不但几乎不会导致任何严重伤害或死亡，它所带来的益处也远远大于其风险。没有疫苗，会出现更多的伤害和死亡。

传言3：预防白喉、破伤风和百日咳的联合疫苗和预防脊髓灰质炎的疫苗会导致新生儿猝死综合征。错！

事实3：疫苗的使用与新生儿猝死之间并不存在因果联系，但使用这些疫苗的时间正是婴儿可能出现新生儿猝死综合征的时期。换言之，新生儿猝死综合征与疫苗接种是同时偶发，即便没有接种疫苗，也会出现死亡。关键是不要忘记这四种疾病都是致命的，婴儿如不进行接种预防，就会面临极大的死亡或严重残疾的风险。

传言4：疫苗可预防的疾病在我所在的国家几乎已经消灭，所以不必再进行疫苗接种。错！

事实4：疫苗可预防的疾病在许多国家已经不再常见，但引发这些疾病的传染性病原体依然还在世界的某些地方传播。在相互联系极为密切的当今世界，这些病原体可以跨越地理疆界，感染缺乏保护的人群。例如在西欧，自2005年以来，麻疹疫情就曾发生在奥地利、比利时、丹麦、法国、德国、意大利、西班牙、瑞士和英国的未接种人群中。因此，选择疫苗接种的两个主要原因是要保护我们自己和保护我们身边的人。成功的疫苗接种计划犹如成功的社会，依靠每个个体的通力合作，才能实现全民的福祉。我们不应依赖由身边的人来遏止疾病传播，我们自己也应尽到一份力。

传言5：疫苗可预防的儿童疾病不过是人生中难免的不如意罢了。错！

事实5：疫苗可预防的疾病并不是〝难免〞的。诸如麻疹、腮腺炎和风疹一类的疾病不但严重，而且可在儿童和成年人中导致严重的并发症，其中包括肺炎、脑炎、盲症、腹泻、耳部感染、先天性风疹综合征（孕妇在怀孕早期感染风疹会引发此症）和死亡。所有这些疾病及其带来的痛苦都可以通过接种疫苗避免。不接种疫苗来预防这些疾病，会使儿童易受疾病侵害，而且这种受害并无必要。

传言6：向儿童一次接种一种以上的疫苗会增大有害副作用的风险，并会使儿童的免疫系统负担过重。错！

事实6：科学证据表明，同时接种几种疫苗不会对儿童的免疫系统带来不良反应。儿童每天接触数百种异物，这些异物都能诱发免疫反应。就是吃东西这个简单的活动，也能将新的抗原带入体内，而且人的口腔和鼻腔内就有无数细菌存在。一名儿童因患普通感冒或咽喉痛而接触到的抗原数量远远超过疫苗接种途径接触的数量。一次接种几种疫苗的一大好处是可以少去医院，从而节省时间和金钱，而且也是按程序完成推荐疫苗接种的一种情况。此外，如果有可能进行诸如麻疹-腮腺炎-风疹疫苗一类的联合疫苗接种，就能减少注射次数。

传言7：流感只是麻烦而已，而且疫苗也不见得很有效。错！

事实7：流感并不仅仅是麻烦而已，它是一种严重的疾病，每年在全球导致30万～50万人死亡。孕妇、幼童、健康状况欠佳的老人以及患有哮喘或心脏病等慢性病的人群受严重感染和死亡威胁的风险更高。为孕妇接种的另一个好处是能为新生儿提供保护（目前还没有针对6个月以下婴儿的疫苗）。疫苗能使人们对在任何季节都流行且流行性最高的3种流感病毒产生免疫，是帮助人们降低严重感冒的患病和传染概率的最好方式。避免感冒意味着能节省额外的医疗费用，也能避免因请病假产生的收入损失。

传言8：通过疾病获得免疫比通过疫苗获得好。错！

事实8：疫苗与免疫系统相互作用产生的免疫反应与通过自然感染产生的免疫类似，但疫苗不会导致疾病，也不会使接种者受到潜在并发症的威胁。相比之下，通过天然感染获得免疫可能会付出高昂的代价，例如b型流感嗜血杆菌感染会导致儿童精神发育迟缓，风疹会导致出生缺陷，乙肝病毒会导致肝癌，麻疹则能导致死亡。

传言9：疫苗含有水银，非常危险。错！

事实9：硫柳汞是一种含汞的有机化合物，作为防腐剂添加到某些疫苗中。在多剂量瓶疫苗中，硫柳汞是使用最为广泛的一种防腐剂。没有证据表明疫苗中的硫柳汞用量会对健康构成威胁。

传言10：疫苗会导致自闭症。错！

事实10：1998年的一项研究引发了人们关切麻疹-腮腺炎-风疹疫苗与自闭症之间可能存在的联系。这项研究后来被证实具有严重错误，发表该研究论文的杂志也对论文实施了撤回。不幸的是，论文的发表引发了恐慌，导致疫苗的接种率下降，并随之出现了相关疫情。没有证据表明麻疹-腮腺炎-风疹疫苗与自闭症之间存在关联。

接种疫苗时需要注意什么

Q 我的孩子刚出生不久，在医院已经接种了卡介苗和乙肝疫苗。孩子满月后就要带着他去接种乙肝第二针，2个月就要接种小儿脊髓灰质炎疫苗。请问接种疫苗需要注意什么？

A 家长应清楚自己的孩子按照程序需要接种什么疫苗（参考本地区的儿童计划免疫程序表），这种疫苗能够预防什么疾病，一定要严格按照计划免疫程序的规定，根据当地卫生机构的通知去接种疫苗。医生会根据不同疫苗使用的剂量、次数、间隔时间、联合免疫方案给孩子进行接种。如果因为特殊情况不能按照通知去接种的话，也要问清楚什么时候可以补种。注意选择到正规的、当地卫生技术行政部门认可的、有资质的机构接种疫苗，这样才能够保证疫苗的来源、储存、运输等都是符合规范的、安全的。

在接种疫苗前一周，家长需要仔细呵护自己的孩子，尽量不去公共场合，减少接触外界疾病的机会，保持接种前身体健康。接种前一天要给孩子洗个澡，换上一套干净的内衣内裤。在接种前，家长应认真阅读接种知情书，告知医生孩子目前的身体状况，如既往是不是有过敏情况等，由接种医生来判断孩子是否能接种。由于每种疫苗都有不同的禁忌证，医生在接种前也会详细向家长询问，家长应该如实回答。一般禁忌证包括急性传染病的潜伏期、前驱期、发病期和恢复期，发热，患有严重的慢性病，如心脏病、肾脏病、肝脏病、化脓性皮肤病、过敏体质（反复发作的支气管哮喘、荨麻疹、血小板减少症等）、免疫缺陷、活动性肺结核、癫痫和有惊厥史的孩子都在禁忌范围内。另外，特殊禁忌证是指适用于某种疫苗使用的禁忌证，更应该严格掌握。还有一些情况需要注意，6个月以下的孩子不能接种麻疹、风疹、流腮和乙脑疫苗。有惊厥史或患有癫痫、脑炎后遗症等神经系统病史的人不能接种百白破、乙脑和流脑疫苗。有免疫功能缺陷或使用过免疫抑制剂的人不能接种活疫苗。有过敏体质的人要慎重接种，如果确实对某种疫苗或疫苗中某种成分过敏，就不能接种该种疫苗。但是，一般轻症的上呼吸道感染、轻微的湿疹和腹泻不是接种疫苗的禁忌证，可以根据具体情况酌情接种。我认为，接种疫苗最好是在孩子处于健康的情况下接种，更何况疫苗接种推迟几天是没有问题的，所以建议等孩子痊愈后再进行接种。

接种时，家长按照医生或护士的要求，将孩子的身体摆成易于接种的姿势。接种疫苗对于机体来说，是一种异于人体的外来刺激，接种疫苗后可能有不同的反应，包括局部反应、全身反应甚至还有异常反应，所以接种后要留在医院观察30分钟，以便对可能出现的不良反应及时处理。

如果是口服的减毒活疫苗，在口服疫苗后半小时内不要吃热的食物，包括热水、热奶、母乳等，以免疫苗失去效力。接种疫苗后，有的医生会建议24小时内先不要洗澡，避免接种部位感染。其实洗澡不会引起感染，因此不要过于畏忌。让孩子多喝水，好好休息，尽量不要做剧烈的运动，给吃一些清淡的食物，减少容易引起过敏的食物。每个孩子对同一种疫苗的耐受性不一样，回家后家长一旦发现孩子

有不良情况，要及时向接种门诊医生反映或向疾控机构报告，以便及时得到处理技术指导。

TIPS：为什么接种完要留观30分钟

所有接种疫苗的医院，接种现场必须配备医生和抢救药品，主要为了防止意外发生。接种疫苗以后，由于每个人对疫苗的反应不同，绝大多数人不会发生任何异常反应，但是不能排除个别孩子有可能会发生严重过敏反应（又称过敏性休克）。过敏性休克可能发生在接种后几秒几分，也可能发生在1小时之后。对疫苗接种后发生过敏性休克情况进行监测得出的数据表明，过敏性休克大多发生在半小时之内。如果此时你已经带着孩子回家了，那么由于不在医护人员监护范围之内就容易发生危险。即使半小时过后才回家，家长怀疑孩子接种疫苗后出现不良反应，也要及时向接种人员或疾控中心咨询或报告。

使用过抗狂犬病免疫球蛋白可以接种疫苗

Q 我听说使用过免疫球蛋白的孩子3个月后才能接种疫苗，为什么我的孩子上个月因为被狗咬伤，使用过抗狂犬病免疫球蛋白，无须间隔就可以接种疫苗？

A 接种的疫苗是将病原微生物及其代谢产物，经过人工减毒、灭活或利用基因工程等方法制成的。疫苗保留了病原体刺激人体免疫系统的特性。当人体接触到这种不具伤害力的病原体后，病原体作为抗原会刺激机体自动产生免疫力，并产生相应的抗体，从而获得对抗相应疾病的抵抗

力。而免疫球蛋白具有特异性结合抗原和介导免疫应答的功能，如果在接种疫苗之前3个月内曾经使用过免疫球蛋白，它就会与抗原（疫苗）结合，使得疫苗刺激机体免疫系统产生相应抗体的功能减弱，而不能生成足够量的针对某种疾病的特异性抗体，从而起不到保护机体的作用。因此，使用过免疫球蛋白的孩子过了3个月才能接种疫苗。

而抗狂犬病免疫球蛋白、乙肝免疫球蛋白等属于特异性免疫球蛋白，只针对相应疾病，起到被动免疫作用。所以，曾经用过抗狂犬病免疫球蛋白、乙肝免疫球蛋白等特异性免疫球蛋白并不影响接种其他疫苗，孩子无须间隔时间，就可以接种疫苗。

接种疫苗后高热怎么办

Q 我的孩子1岁了，前两天接种乙脑疫苗后第二天高热，体温达39.5℃，而且孩子精神不振、食欲差、呕吐、腹泻，吓得我们赶紧去医院看病了。为什么会这样？这是接种疫苗后的异常反应吗？

A 如前所述，接种疫苗就是向机体内接种某种抗原，在抗原的影响下，机体自动产生免疫力，同时在血清中出现相应的抗体。我国计划内以及扩大免疫疫苗所用的生物制剂有：用细菌菌体制造而成菌苗。分为死菌苗（如百日咳疫苗等）和减毒活菌苗（如卡介苗等）；用病毒或立克次氏体接种在鸡胚或动物组织培养，经过处理制造而成的疫苗。分为灭活疫苗（如乙脑疫苗等）和减毒活疫苗（如脊髓灰质炎疫苗、麻疹疫苗、流感疫苗等）。菌苗或疫苗对于人体毕竟是异物，这些预防接种制剂对人体来说是一种外来的刺激。活菌苗和活疫苗的接种实际上是一次轻度感染，死菌苗和死疫苗对人体是一种异物刺激。在诱导人体免疫系统产生对特定疾病的保护力的同时，由于疫苗的生物学特性和人体的个体差异（健康状况、过敏性体质、免疫功能不全、精神因素等），有少数接种者会发生不良反应，如局部红肿、疼痛、硬结等局部症状，或有发热、乏力等全身症状，其中绝大多数可自愈或仅需一般处理，不会引起受种者机体组织器官、功能损害。仅有很少部分人可能出现异常反应，但发生率极低。异常反应是指合格的疫苗在实施规范接种过程中或接种后造成受种者机体组织器官、功能损害，病情相对较重，多需要临床处置。

根据《诸福棠实用儿科学（第8版）》所载，接种疫苗后的不良反应具体包含以下几种。

●局部反应。一般是在接种24小时左右局部发生红、肿、热、痛等现象。红肿直径在2.5cm以下者为弱反应，2.6～5cm为中等反应，≥6cm为强反应。强反应有时可以引起淋巴结肿痛，可以进行热敷。

●全身反应。主要表现为发热，接种疫苗后8～24小时，体温腋下37.1℃～37.5℃为弱反应，37.6℃～38.5℃为中等反应，≥38.6℃为强反应，有的孩子还出现头疼、恶心、呕吐、腹痛和腹泻等症状。

●异常反应。接种某种生物制剂后可能发生与前两种反应性质及表现均不相同的反应。遇到这种反应应该及时去医院诊治，一般会很快痊愈的，极个别严重的医生也会做出相应处理。出现这种异常反应可能与孩子的体质有密切的关系，如过敏性体质、免疫缺陷等。

接种灭活疫苗5～6小时或者24小时内体温升高，一般持续2～3天，体温多在38.5℃以下。在接种活菌苗、活疫苗时局部或全身反应出现得比较晚，一般在接种后5～7天出现发热反应。目前，我国所用的预防接种的生物制剂反应一般都是轻微

的、暂时的，不需要做任何处理，而且恢复得也很快。但是，对于个别的孩子发生的强反应或异常反应需要给予退热药及对症处理。

我国已建立了疑似预防接种异常反应监测系统。对疫苗接种后出现的怀疑与预防接种有关的不良反应均需要报告和监测，责任报告单位和报告人为各级各类医疗机构、疾病预防控制机构和接种单位及其执行职务的人员，发现疑似预防接种异常反应均要进行报告，必要时进行调查处理。近几年，我国每年预防接种大约10亿剂次，但是经过调查诊断与接种疫苗有关且较为严重的异常反应很少，发生率很低。

另外，接种前必须注意以下几点。

●医生要认真检查预防接种生物制剂，详细询问孩子的健康情况，必要时先对孩子进行体格检查，避免因为潜在疾病而出现接种后的偶合现象。接种时要严格遵守无菌操作，一人一个针管、一个针头，避免交叉感染。

●注意预防接种生物制剂的剂量，每种生物制剂都具有最低的引起机体产生足够免疫反应的剂量，因此低于该剂量不足以引起机体产生足够的免疫力。如果剂量过大，可能引起机体的异常反应，甚至机体由于接受过强的抗原刺激，形成免疫麻痹，也达不到应有的免疫效果。

●严格掌握禁忌证。每一种预防接种

生物制剂都有一定的接种对象，也有一定的禁忌证，因此接种前需要仔细审阅说明书或者询问，同时向医生详细地介绍孩子的情况（包括既往和近来的情况），这样才能避免异常反应及其他意外，更好地达到免疫效果。

由于每个孩子的体质不同，接受这些生物制剂的反应也存在着个体差异。如果孩子发生强反应，要及时去医院请求医生诊治，但家长不用惊慌，一般2～3天是可以恢复正常的。

TIPS：偶合症与疫苗有关系吗

偶合症是指受种者正处于某种疾病的潜伏期，或者存在尚未发现的基础疾病，接种后巧合发病（复发或加重）。偶合症的发生确实与疫苗本身无关，通俗说就是一种巧合。疫苗接种率越高、品种越多，发生的偶合概率越高，也越容易造成误解。一般治疗感冒的药物包括抗生素都不会影响预防接种的效果。影响免疫接种效果的药物主要是免疫球蛋白、皮质激素以及一些抗肿瘤的药物。

接种疫苗后发热且皮肤出现硬结怎么办

Q 我的孩子接种百白破疫苗回家后出现发热，体温38.4℃，打针处出现硬结，触摸硬结孩子哭闹，我该怎么办？

A 接种疫苗后有可能出现发热的症状，一般多为中等热度以内，让孩子多喝水，如果超过38.5℃可以吃退热药，并注意加强休息。孩子接种疫苗后皮肤出现硬结主要是因为疫苗中吸附剂在皮肤局部不被吸收的缘故。家长可以局部温水敷，有利于消肿，一般一周左右消退，个别的可能延长到6个月才消退。如果硬结没有消反而出现波动感就要去医院处理，并同时通知接种医院。

如何判断孩子是否有免疫缺陷

> **Q** 听医生说，对于像小儿脊髓灰质炎疫苗等一些减毒活疫苗，有免疫缺陷病的孩子是禁止接种的。请问如何判断孩子有没有免疫功能缺陷呢？

A 目前发现的原发性免疫缺陷病已经超过200种，但是在婴儿早期很难发现孩子患有该病。这是因为孩子出生后有从母体中获得的抗体保护，但是这些孩子由于对活疫苗的易感性，接种后常常表现出不同寻常的临床症状，造成严重的感染或带毒状态，甚至出现严重播散性感染，危及生命。由于我国对原发性免疫缺陷病知识普及程度有限，而且原发性免疫缺陷病种类繁多，早期识别技术并不完善，因此无法实现早期诊断和筛查。就现有的经验来看，婴儿早期的特殊感染、反复感染，包括危及生命的感染，如败血症、脓毒血症、深部脓肿、重症肺炎、中枢神经系统感染、皮肤感染、特殊病原感染（如鹅口疮、皮肤真菌感染、卡介苗感染、严重EB病毒感染等）、反复感染（如脓性中耳炎、肛周脓肿、腹泻、肺炎、口腔溃疡等），或家族中生后数年有反复感染夭折者等情况，均说明孩子存在免疫方面的问题可能性比较大。另外，早产儿、低出生体重儿或者患有血液系统疾病的儿童也存在着免疫功能低下的问题。我国婴儿6月龄前需接种卡介苗和脊髓灰质炎减毒活疫苗，而早期检查出是否有免疫缺陷病很困难，因此接种活疫苗前需要做常规免疫功能评价和实验室检查，再决定是否接种疫苗。

为何必须按照免疫程序进行接种

> **Q** 我的孩子是在香港出生的，在香港坐完月子后准备回内地，想给孩子在香港完成六联疫苗接种（六联疫苗包括脊髓灰质炎疫苗、百白破疫苗、b型流感嗜血杆菌结合疫苗、乙肝疫苗），但是香港医生不同意提前接种，必须等到婴儿满6周才能接种，并建议我按照内地的免疫程序进行接种。这是为什么？

A 根据世界卫生组织于2018年世界免疫周发布的《接种疫苗共防疾病》一文指出，婴幼儿免疫功能尚未发育成熟，因此提前接种疫苗会降低免疫效果，也不能形成持久的免疫保护。过晚地推迟接种疫苗则不能使儿童及时获得对相应疾病的免疫保护，增加感染疾病的风险。

疫苗接种是要遵照免疫程序进行的。预防接种程序的规定具有科学性，十分严谨。不同的疫苗有不同的免疫程序，这与宝宝身体内的抗体水平和注射疫苗后抗体的产生，以及抗体的持续时间有着一定的关联，是根据多年科学实验与实践制定的。

这个免疫程序包括各种疫苗接种的顺序、间隔的时间、需要的针次、需要的剂量。例如，根据我国的情况，麻疹疫苗是需要婴儿满8个月才可以接种，美国规定麻疹疫苗是满周岁才可以接种。乙肝疫苗必须遵照0、1、6月龄进行接种，且不可以提前接种。

家长应根据我国规定的免疫程序按时带孩子接种，提早或延迟都是不好的。若遇到特殊情况应向医生说明，由医生给予安排，这样宝宝才能得到良好的接种效果。

接种还有一个时间上的要求，如乙脑的传播季节是在夏末，因此建议在流行季节前1~2个月接种，我国大多数地区都是在每年4月、5月、6月安排接种。

另外，宝宝的年龄如果非常小，有些疫苗对他是没有用的，因为他根本就不会得那种病。早早地进行接种，既费钱又起不到效果。

接种疫苗后多长时间产生免疫

Q 孩子接种疫苗后多长时间产生免疫力？孩子接种完后，我该如何护理？

A 接种疫苗后并不是马上产生免疫力，机体的免疫系统需要有一段时间进行免疫应答，然后才产生特异性免疫力，其中所经过的时间就是医学上的诱导期。每种疫苗的诱导期是不同的，时间的长短取决于接种疫苗的种类、接种的次数、接种的途径以及被接种者的身体健康状况等。一般来说，同一种疫苗初次接种的诱导期较长，1~2周才能产生有效的免疫；再次接种的诱导期较短，大约1周就能产生有效的免疫。像脊髓灰质炎疫苗、百白破疫苗、五联疫苗等，完成全程接种后才能获得较高水平的保护性抗体。如果在保护性抗体产生前感染了相应传染病的病原体就有可能患病。因此，在预防某些有明显季节性的传染病时，比如乙脑、流脑等，最好在该病的流行季节前1～2个月完成预防接种，以有效防止发病。接种后也要注意保护，因为在保护性抗体产生前或者还没有达到最佳的免疫效果时，仍然有可能发病。

孩子接种很多疫苗会有副作用吗

Q 现在各种预防疾病的疫苗很多，除了国家计划免疫内的疫苗外，我还能同时选择其他疫苗吗？会不会出现"撞车"现象？有副作用吗？

A 除了国家规定的计划免疫外，还有一些疫苗根据不同的人、不同的年龄、不同的生活环境、不同的季节可以进行选择性接种。但是，所有疫苗对人体来说毕竟都是异种，是一种外来的刺激，会引起局部或全身的反应。

《国家免疫规划疫苗儿童免疫程序及说明（2016年版）》指出，现阶段的国家免疫规划疫苗均可按照免疫程序或补种原则同时接种，两种及以上注射类疫苗应在不同部位接种。严禁将两种或多种疫苗混合吸入同一支注射器内接种。两种及以上国家免疫规划使用的注射类减毒活疫苗，如果未同时接种，应间隔≥28天进行接种。国家免疫规划使用的灭活疫苗和口服脊灰减毒活疫苗，如果与其他种类国家免疫规划疫苗（包括减毒和灭活）未同时接种，对接种间隔不做限制。如果第一类疫苗和第二类疫苗接种时间发生冲突时，应优先保证第一类疫苗的接种。近来研究认为，多种疫苗同时接种不但不影响免疫力增加，反而会使副作用减少。家长应根据孩子的情况，除了国家计划免疫内的疫苗外，最好是经过咨询医生后，在指导下选择其他疫苗进行接种。

接种疫苗后孩子就一定不会得这种病吗

> **Q** 保健站通知我给宝宝接种疫苗。为了增强孩子的抵抗力，我很想给孩子接种这些疫苗。我的孩子接种疫苗后，是不是就不会患相关的疾病了？

A 回答这个问题必须从被接种对象和接种的疫苗这两方面说。

● 被接种的对象：婴幼儿本身免疫功能发育不健全，从母体中获得的免疫物质又很少，对各种传染病具有易感性，因此对于各种传染病都不具有免疫力。给孩子按时接种各种疫苗，增强抵抗力，是保护易感儿童的一种有力措施。这样不但提高了每个孩子的免疫力，也提高了人类总体免疫水平，能够很好地控制传染病的发生和流行，保证孩子健康成长。给婴幼儿机体接种各种抗原（疫苗、菌苗等）后，在抗原的影响下，经过一段时间，机体会自动产生免疫力，同时在血清中有相应的抗体或免疫细胞出现，且延续较长时间，起到保护机体不生病的作用。当免疫力经过最明显的期限后，会逐渐缓慢下降，如果在这时再次进行免疫，一般很容易使抵抗力再度提高，达到足以抵抗病原体的较高水平，保护机体不生病。因此，孩子在完成基础免疫后，为了免疫持久需要适时安排加强免疫，以巩固免疫效果。一般来说，绝大多数婴幼儿经过疫苗的刺激都可以产生相应的抗体或免疫细胞，但是也有极少数的小儿（1%～5%）即使接种了疫苗，仍不能产生抗体或免疫细胞，因此孩子仍可能患病。如果孩子正处于某种传染病的潜伏期中，虽然接种了疫苗，但是疫苗还没有在机体内产生相应的保护性抗体或者保护性抗体没有达到一定的浓度，孩子也会生病。

● 接种疫苗：现在使用的疫苗制剂，包括菌苗、疫苗以及类毒素3种。菌苗分为死菌苗（如百白破疫苗）和减毒活菌苗（如卡介苗）。疫苗分为灭活疫苗（如乙脑疫苗、流感疫苗）和减毒活疫苗（如脊髓灰质炎疫苗、麻疹疫苗）。白喉类毒素和破伤风类毒素都属于类毒素。死菌苗进入人体不能生长繁殖，对人体刺激时间短，产生的免疫力不高，所以需要多次接种。减毒活菌苗和减毒活疫苗进入人体后能够生长繁殖，但不引起疾病，对身体刺激时间较长，因此接种量小，接种次数少，免疫时间长。但是，活疫苗很娇嫩，保管不当和口服不当很容易死亡失效。活疫苗的有效期较短，并且运输和储存需要冷藏保管，因此实际使用时需要严格按照规程去做。减毒活疫苗不可以在使用丙种球蛋白或胎盘球蛋白的3周内使用，否则免疫作用将受到抑制。

接种疫苗时必须严格遵照使用规定，包括接种部位、接种剂量、接种次数和按时加强接种、接种各种疫苗的间隔时间，使用混合制剂进行联合免疫时需要注意各种疫苗之间的协同作用与干扰现象，严格掌握禁忌证，及时处理因为接种疫苗产生的各种反应。

所以，从原则上说，接种疫苗后不应该得相应疾病。但是，如果在我描述的以上各个环节中的某一个环节出现问题，都有可能造成接种失败，而达不到免疫的效果。另外，每一种疫苗都存在着各种缺点，而且每种疫苗的有效保护率也不会达到100%，因此个别打过疫苗的人还是有可能免疫失败的。

早产儿如何接种疫苗

Q 我在怀孕32周时因为一次交通事故造成早产，孩子出生体重才1400g，在医院的新生儿病房保暖箱里养育了40天，现在已经出院。出院时因为孩子体重不达标，所以没有接种卡介苗和乙肝疫苗。孩子现在的体重是2000g。请问早产儿应该什么时候接种疫苗？

A 早产儿因为发育不成熟，各个组织系统也不成熟，和足月儿有很大的差别，尤其全身的免疫系统发育不成熟，因此接种疫苗不能更好地引起全身的免疫应答，使接种的效果变差。另外，由于早产儿各个器官发育不成熟，抵抗疾病的能力弱，更容易引起一些疾病的发生，而且疾病发生的程度要比足月儿严重。因此，正确掌握早产儿的预防接种就更为重要。具体建议如下。

● 卡介苗：参看本书"什么情况下新生儿不能接种卡介苗"相关内容。

● 乙肝疫苗：参看本书"早产儿如何接种乙肝疫苗"相关内容。

流动儿童如何接种疫苗

Q 我们夫妇在北京工作，但是户口不在北京，那么我们在老家的孩子来京后应该在什么地方接种疫苗？

A 根据中国疾控中心规定，我国对流动儿童的预防接种实行属地化（即现居住地）管理，流动儿童与本地儿童享受同样的预防接种服务。如果有≤6周岁的孩子迁入其他省份，可直接携带原居住地卫生部门发的预防接种证到现居住地所在接种单位接种疫苗。如之前未办理预防接种证或预防接种证遗失，可在现居住地接种单位补办预防接种证。

对鸡蛋、牛奶过敏，偶有哮喘，能接种疫苗

Q 我的孩子对鸡蛋、牛奶过敏，偶尔还会发生哮喘，能接种疫苗吗？

A 世界卫生组织于2018年世界免疫周发表的《接种疫苗共防疾病》一文指出，如果孩子既往有对疫苗严重过敏反应，则不能再接种同种疫苗。对于流感疫苗接种，《中国流感疫苗预防接种技术指南（2018-2019）》明确指出，《中华人民共和国药典》（2015版）未将对鸡蛋过敏者作为禁忌。药典规定，流感疫苗中卵清蛋白含量应不高于500ng/mL。随着生产工艺的提高，疫苗中的卵蛋白含量已大大低于国家标准，以往对我国常用的流感疫苗中的卵蛋白含量测量显示含量最高不超过140ng/mL。国外学者对于鸡蛋过敏者接种流感灭活疫苗、流感减毒活疫苗的研究表明不会发生严重过敏反应。美国免疫实施咨询委员会（ACIP）自2016年以来开始建议对鸡蛋过敏者亦可接种流感疫苗。除此以外，孩子有哮喘或者对花粉、宠物和动物、鸡蛋、牛奶或其他环境过敏原过敏，都能安全接种疫苗。

母乳相关性黄疸的婴儿可以接种疫苗吗

Q 我的孩子已经出满月了，是纯母乳喂养，应该接种脊髓灰质炎疫苗了。但据其他家长反映，如果儿保医生检测经皮测黄疸是6的话，不给接种疫苗，必须要降到6以下。请问是这样的吗？

A 《中华儿科杂志》刊载的《母乳喂养促进策略指南（2018版）》一文指出，对

诊断明确的母乳相关性黄疸婴儿，若一般情况良好，无其他并发症，可常规预防接种疫苗。尽管尚无对母乳相关性黄疸婴儿预防接种安全性评价的研究报道，但亦无母乳相关性黄疸婴儿进行预防接种带来危害等不良反应的个案报道。中华医学会儿科学分会新生儿学组、《中华儿科杂志》编辑委员会共同发表的《新生儿高胆红素血症诊断和治疗专家共识》也指出，母乳相关性黄疸婴儿若一般情况良好、无其他并发症时，不影响常规预防接种。

2岁的孩子可以注射胎盘球蛋白吗

Q 我的孩子已经2岁了，经常发热，三天两头生病。为了给孩子增强体质，我想给孩子注射胎盘球蛋白，可以吗？

A 胎盘球蛋白或免疫球蛋白是从人的胎盘血液和健康人血液中提取的，属于被动免疫制剂，主要用于近期与传染病密切接触，又没有获得相应主动免疫力的人，

其注入人体后可以马上获得免疫力。这两种制剂只能作为一种临时应急的措施，因为它们被注射到人体后很快就排泄掉，预防时间短，大约3周。

2岁的孩子，体内各个系统发育得还不成熟，尤其从母体中得到的免疫力正在消失，而后天获得的免疫力又很少，所以这个阶段的孩子容易患病。要想增强孩子的体质，希望孩子少生病，除了按我国计划免疫要求接种各种疫苗外，更主要的是均衡营养，养成良好的生活习惯，加强锻炼身体，随着成长，孩子对疾病的抵抗力

会逐步增强。

目前，一些血液制品也存在着不安全的因素，因此建议不要给孩子用这类制剂。

免疫缺陷的孩子如何接种疫苗

Q 我的孩子刚满月，因为反复肛门脓肿，医院考虑可能为免疫缺陷病。请问这样的孩子如何接种疫苗？

A 免疫缺陷病主要是指原发性免疫缺陷病。这是遗传因素或先天性免疫系统发育不良导致免疫系统功能障碍的一组综合征，其中包括不同种类的免疫缺陷。临床常表现为反复严重感染（如反复肛门脓肿）、特殊病原微生物感染，或者表现为自身免疫性疾病、严重过敏症状及肿瘤。遇到这些情况应注意是否存在免疫缺陷病，建议先去医院做进一步诊断，明确免疫缺陷病的种类。患有免疫缺陷病的儿童很容易发生各种病原微生物的感染，而一旦感染其病情以及后果往往比较严重，甚至死亡。根据这种情况，美国免疫实施咨询委员会和多数国际组织都建议患有原发性免疫缺陷病的患儿接种疫苗。原则上可以接种灭活疫苗，且与正常儿童接种灭活疫苗具有相同的安全性，但是有可能免疫强度以及保护持久性会降低。那么，能否接种减毒活疫苗呢？因为原发性免疫缺陷病包括不同种类疾病，需要根据具体的免疫缺陷病种类来决定，具体情况请咨询医生。

疫苗篇

乙肝疫苗（一类疫苗、免费疫苗）

乙肝疫苗相关知识

我国是乙型肝炎的高发区，乙肝是一种以肝脏为主要病变的并可累及多个脏器损害的传染病，其病变逐渐转变为慢性肝炎、肝硬化以及肝癌，严重威胁着人们的健康。我国1～59岁乙肝病毒携带率为7.18%，5岁以下的孩子乙肝病毒携带率为0.96%。接种乙肝疫苗可以成功地预防乙型肝炎病毒感染，是最安全、最方便、最经济的有效办法。

国内使用的乙肝疫苗均为基因重组疫苗，有国产的，也有进口的。新生儿出生后24小时内接种第一剂，1个月、6个月继续接种第二剂和第三剂，完成全程免疫，每次每支乙肝疫苗剂量为10μg。

乙肝疫苗的接种部位为，上臂三角肌肌肉注射。

母亲一方是单纯乙肝表面抗原阳性者，其新生儿依然采用上述免疫方案。如果母亲是乙肝表面抗原阳性和e抗原阳性者的新生儿，可以在0、1个月注射2次高效价乙肝免疫球蛋白（200IU）和0、1、6月龄各注射1支乙肝疫苗，每次10μg；也可以采用出生后立即注射1支高效价乙肝免疫球蛋白和0、1、6月龄各注射1支乙肝疫苗，每次15μg。

对于危重症新生儿，如极低出生体重儿，或有严重出生缺陷、重度窒息、呼吸窘迫综合征等，应在生命体征平稳后尽早接种第一剂乙肝疫苗。但一定要注射乙肝免疫球蛋白，等新生儿情况好转后及时给予乙肝疫苗接种。如果接种第一针后孩子出现严重过敏反应，则不能再接种剩下的2针次。

乙肝疫苗接种常见不良反应（内容摘自《中华人民共和国药典（2015年版）》）：

● 接种后24小时内，在注射部位可能感到疼痛和触痛；

● 多数情况下于2～3天自行消失。

罕见不良反应有以下几点：

● 接种者在接种疫苗后72小时内，可能出现一过性发热反应，一般持续1～2天后可自行缓解；

● 接种部位轻、中度的红肿、疼痛，一般持续1～2天后可自行缓解，不需处理。

极罕见不良反应有以下几点：

● 接种部位出现硬结，一般一两个月可自行吸收；

● 局部无菌性化脓，一般要用注射器反复抽出脓液，严重时（破溃）需扩创清除坏死组织，病时较长，最后可吸收愈合；

● 过敏反应有过敏性皮疹、阿瑟反应等，阿瑟反应一般出现在接种后10天左右，局部红肿持续时间长，可用固醇类药物进行全身和局部治疗；

● 过敏性休克，一般在注射疫苗后1小时内发生，应及时采取注射肾上腺素等抢救措施进行治疗。

完成乙肝全程免疫后要检查小儿乙肝表面抗体产生情况，同时监测乙肝表面抗原，了解是否母婴阻断成功。

《国家免疫规划疫苗儿童免疫程序及说明（2016年版）》中说明了补种原则：

1. 若出生24小时内未及时接种，应尽早接种；

2. 对于未完成全程免疫程序者，需尽早补种，补齐未接种剂次即可；

3. 第一剂与第二剂间隔应≥28天，第二剂与第三剂间隔应≥60天。

为什么新生儿接种乙肝疫苗越早越好

高，是这样的吗？

Q 我的孩子出生后12小时内就接种了乙肝疫苗，医生告诉我乙肝疫苗接种越早越好，乙肝母婴阻断率越

A 我国是乙肝的高发区，孕妇乙肝病毒携带率在5%左右，每年估计有70.6万

乙肝孕妇，其中病毒在体内复制活跃、传染性强的乙肝病毒e抗原阳性的孕妇高达21.4万。而母婴垂直传播是乙肝感染的主要途径，因此早期接种乙肝疫苗可以阻断母婴传播率为85.97%～96.42%。乙肝疫苗接种越早阻断率越高，新生儿免疫应答率也越高。尤其对于准备开始母乳喂养的乙肝患者所生的新生儿意义更是重大。我国规定，新生儿出生后24小时内接种乙肝疫苗。不少医院为了让乙肝患者的子女能进行母乳喂养，在新生儿出生后立刻接种乙肝疫苗和高效价的乙肝免疫球蛋白，然后进行母乳喂养。需要提请注意的是，乙肝疫苗和高效价免疫球蛋白可以同时但在不同部位接种。

父母是乙肝患者，孩子出生时接种过乙肝疫苗需要加强免疫吗

Q 我和孩子爸爸都是乙肝患者，宝宝出生时已经接种了乙肝疫苗，后续需要加强免疫吗？

A 母亲是乙肝病毒携带者的儿童是乙肝疫苗接种的重点人群，他们比一般儿童感染乙肝的概率要高很多。《国家免疫规划疫苗儿童免疫程序及说明（2016年版）》指出，HBsAg阳性母亲所生新生儿，可按医嘱在出生后接种第一剂乙肝疫苗的同时，在不同（肢体）部位肌肉注射100IU乙肝免疫球蛋白。建议对HBsAg阳性母亲所生儿童接种第三剂乙肝疫苗1～2个月后进行HBsAg和抗-HBs检测。若发现HBsAg阴性、抗-HBs<10mIU/mL，可按照0、1、6月免疫程序再接种3剂乙肝疫苗。

父亲是乙肝患者，儿童出生后也应尽早接种乙肝疫苗，按程序完成3剂全程接种。由于乙肝疫苗的保护持久性好，目前全球所有国家都不推荐加强免疫。但对于家人中有乙肝病毒携带者的孩子来说，如果乙肝病毒表面抗体滴度<10mIU/mL，可再次接种。（以上内容摘自"中国疫苗和免疫网"）

《国家免疫规划疫苗儿童免疫程序及说明（2016年版）》指出，HBsAg阳性母亲所生新生儿，可按医嘱在出生后接种第一剂乙肝疫苗的同时，在不同（肢体）部位肌肉注射100IU乙肝免疫球蛋白（HBIG）。建议对HBsAg阳性母亲所生儿

童在接种第三剂乙肝疫苗1~2个月后，进行HBsAg和抗-HBs检测。若发现HBsAg阴性、抗-HBs<10mIU/mL，可按照0、1、6月免疫程序再接种3剂乙肝疫苗。

早产儿如何接种乙肝疫苗

Q 我的孩子是31周早产儿，出生体重1950g，他应该如何接种乙肝疫苗？如果妈妈有乙肝，孩子应该如何接种乙肝疫苗呢？

A 早产儿免疫系统发育不成熟，通常需要接种4针乙型肝炎疫苗。乙肝表面抗原阴性孕妇的早产儿，如果生命体征稳定，出生体重≥2000g时，即可按0、1、6月龄3针方案接种，最好在1~2岁再加强1针。如果早产儿生命体征不稳定，应首先处理相关疾病，待稳定后再按上述方案接种。如果早产儿出生体重<2000g，待体重到2000g后接种第一针；如果出院前体重未达到2000g，在出院前接种第一针；1~2个月后再重新按0、1、6个月3针方案进行。

乙肝表面抗原阳性或不详孕妇所生的早产儿或低出生体重儿，出生后无论身体状况如何，也应在出生后24小时内尽早接种第一剂乙肝疫苗，但要在该早产儿或低出生体重儿满1月龄后，再按0、1、6月程序完成3剂次乙肝疫苗免疫。

出生时诊断为新生儿缺血缺氧性脑病的早产儿不能接种流脑、乙脑等涉及脑部的疫苗，以免诱发癫痫。出生后要注射乙肝免疫球蛋白，等新生儿情况好转后及时给予乙肝疫苗接种。

乙肝疫苗没有按时接种怎么办

Q 我的孩子出生后已经接种乙肝疫苗2针。当孩子6个月时，因为患了肺炎不能按时接种，不知道以后什么时候补种才不会影响预防的效果？

A 孩子已经接种乙肝疫苗2针，机体在接种疫苗后1~2周就可以产生抗体，但抗体水平不稳定，需要接种第三针获得稳定的、持久的免疫力。据观察，接种第一剂后，有30%~40%的人产生抗体，接种第二剂后有60%~70%的人产生抗体，完成3剂全程接种后可使90%以上的人产生抗体。如果孩子因为疾病第三针不能按时接种，后续接种只需补种未完成剂次就可以了。另外，接种时需要注意，第二剂次与第一剂次之间间隔≥28天，第三剂次与第二剂之间间隔≥60天。

《美国儿科学会育儿百科（第6版）》指出，乙肝疫苗接种程序是，孩子刚出生就接种第一针，第二针乙肝疫苗应该在孩子1~3个月时接种，第三针应该在孩子6~18个月时接种。

1岁以后的孩子还需要加强接种乙肝疫苗吗

"

Q 我的孩子已经在出生后半年内完成乙肝疫苗全程预防接种。因为孩子的妈妈乙肝表面抗原阳性，医生说需要抽血检查，如果孩子血液中乙肝表面抗体阴性或者滴度低的话还应该注射加强针，是这样的吗？

"

A 我国规定免费给出生的孩子接种乙肝疫苗。对于妈妈本身乙肝表面抗原阳性（澳抗阳性）的孩子，出生后除了应该按接种程序完成乙肝疫苗的接种外，在孩子1岁和6岁时还应该进行乙肝两对半的检查，如果血液中乙肝表面抗体阴性或者滴度低（<10mIU/mL）的话，还应该注射加强针，每次10μg，共2次，中间间隔1个月；或者重新开始乙肝疫苗的全程免疫（即0、1、6个月各接种1针，每次10μg）。如果母亲的乙肝表面抗原阴性，因为乙肝疫苗的保护时间持久，可长达10~12年，所以已经完成全程乙肝免疫的孩子在这期间不需要加强免疫。

也有的孩子虽然母亲乙肝表面抗原阴性，而且已经完成乙肝疫苗的全程免疫接种，但是由于某种原因，如疫苗运输或存放不当，或者接种程序不对、用量不足、接种部位不同等，经过检查乙肝两对半，有可能发现乙肝表面抗体阴性。这样的孩子仍应该重新开始完成全程免疫接种，即按0、1、6个月时间间隔进行接种。

慢性乙型肝炎会传染给孩子吗

Q 我老公最近乙肝又发病了，转氨酶100IU，大夫说属于慢性病毒性乙型肝炎。宝宝才45天，虽已经打了2针乙肝疫苗，但应该还没有抗体吧？我想问在这种情况下老公能否抱宝宝？还有他和我睡在一个床上，会不会通过我把病传染给孩子？

A 首先我们了解乙型肝炎的一般情况。乙型肝炎是由于感染乙型肝炎病毒引发的一种传染病。传染源主要是乙型肝炎患者和乙肝表面抗原携带者。

乙型肝炎的传播途径主要有以下几种。

● 注射途径，如输血及血液制品、注射、血透析，或医疗用品及手术消毒不严密。

● 生活密切接触，如乙肝表面抗原阳性者的唾液、精液、阴道分泌物、乳汁、泪、汗、尿、便均可传播。

● 母婴传播。如果母亲是乙肝病毒携带者，可以通过产前或宫内垂直传播、分娩过程中传播、产后哺乳传播给孩子。

● 性接触传播。

● 医源性传播。

孩子的父亲是否做了关于乙型肝炎病毒感染相关的各种抗原、抗体检查？医学上常规做两对半检查，如果化验结果是表面抗原（HBsAg）＋，e抗原（HBeAg）＋，核心抗体（HBcAb）＋，就是通常说的"大三阳"，说明体内病毒活性强，传染性最强，应该隔离接受治疗。如果化验结果是表面抗原（HBsAg）＋，e抗体（HBeAb）＋，核心抗体（HBcAb）＋，就是通常说的"小三阳"，说明体内病毒活性低，传染性较弱，如果没有肝功能的异常，可以不治疗。

如果母亲乙肝病毒阴性，父亲阳性，或是与新生儿直接接触的家庭成员乙肝病毒阳性，建议新生儿出生后尽早接种乙肝疫苗，按程序完成3剂全程接种，同时注射乙肝免疫球蛋白。由于乙肝疫苗的保护持久性好，目前全球所有国家都不推荐加强免疫。但对于家庭成员中有乙肝病毒携带者的孩子来说，如果乙肝病毒表面抗体滴度<10mIU/mL，可再次接种。如果孩子已经接种乙肝疫苗，一般注射第一针后7天左右抗体开始生长，一个月后又加强注射一针，应该具有免疫力了。

另外，提请家长注意：

● 家中所有人都应养成良好的生活习惯，使用自己专用的碗筷、水杯；

● 家中除患者外其他人都应该接种乙

肝疫苗或保证乙肝病毒表面抗体阳性；

● 孩子6个月需要接种乙肝疫苗第三针。

乙肝疫苗可以和其他疫苗一起接种吗

Q 孩子在接种乙肝疫苗时，可能会与其他疫苗同时接种，不知道这种情况可以吗？会不会互相之间受到干扰？

A 乙肝疫苗可以和卡介苗、百白破三联疫苗、脊髓灰质炎疫苗、麻疹疫苗、甲肝疫苗、流脑疫苗、乙脑疫苗同时接种，它们之间没有互相干扰，但是不能在同一个部位注射，且必须使用各自的注射器和针头。

黄疸没有消退能接种乙肝疫苗吗

Q 我的孩子已经1个月了，可是黄疸还没有消退，医生考虑是母乳性黄疸，让我给孩子停3天母乳，观察黄疸是否减轻。可是我的孩子现在应该接种乙肝疫苗第二针，他还能够接种吗？

A 首先要看孩子的黄疸是由什么原因引起的。母亲在哺乳期大量食用胡萝卜、西红柿、南瓜、菠菜以及柑橘都可以使婴儿发生假性黄疸，即手（足）掌、额部、鼻翼等处皮肤出现黄染，但是血清胆红素并不高，或者是母乳性黄疸，这样的孩子都可以接种乙肝疫苗。但如果是新生儿肝炎、先天性胆红素代谢异常、新生儿感染（败血症）以及胆道闭锁等疾病引起的黄疸，这样的孩子都不能接种乙肝疫苗。

卡介苗（一类疫苗）

卡介苗相关知识

卡介苗是预防结核病的减毒活菌苗。从发明到现在，虽然各地报道的卡介苗保护率不一样，对其预防结核病的效果也争论不一，但是世界卫生组织针对结核病高负担地区仍建议把接种卡介苗作为常规预防接种项目。我国是一个结核病高负担地区，接种卡介苗对于预防结核性脑膜炎和播散性结核病有着很好的效果，因此新生儿接种卡介苗仍是常规接种项目，并纳入到国家计划免疫程序中。我国规定，新生儿出生24小时后接种卡介苗。

卡介苗是含有减毒活菌的疫苗（严格讲应该称为减毒活菌苗）。90%的接种者在接种2周后局部会出现红肿，6～8周会形成脓疱或者溃烂。此种情况下不必擦药和包扎，只要保证局部清洁，洗澡时不要沾水，衣服不要穿得太紧，也不要挤压即可。一般8～12周结痂形成疤痕。结痂后需要等痂皮自然脱落。如果遇到局部淋巴结肿大应及时就诊。

目前国内使用的皮内注射用卡介苗，每支5次人用剂量，含卡介菌0.25mg。出生24小时后上臂外侧三角肌中部略下处，皮内注射0.1mL（严禁皮下和肌肉内注射，否则会引起脓疡很难愈合），同时要求接种4周内同臂不能接种其他疫苗。

《国家免疫规划疫苗儿童免疫程序及说明（2016年版）》中说明了补种原则：

1. 未接种卡介苗的＜3月龄儿童可直接补种；

2. 3月龄～3岁儿童对结核菌素纯蛋白衍生物（TB-PPD）或卡介菌蛋白衍生物（BCG-PPD）试验阴性者，应予补种；

3. ≥4岁儿童不予补种；

4. 已接种卡介苗的儿童，即使卡痕未形成也不再予以补种。

什么情况下新生儿不能接种卡介苗

Q 我的孩子是孕34周出生的早产儿，医生说孩子目前不能接种卡介苗。请问什么情况下孩子不能接种卡介苗？以后什么时候补种？晚种会不会对孩子有影响？

A 我国规定新生儿需要接种卡介苗，因为我国是一个结核病菌高感染率的国家，而且结核病是一种非常容易传播的疾病，新生儿抵抗力弱，尤其对周围环境中的结核病菌几乎没有任何抵抗力，很容易感染像危害极大的播散性结核病和结核性脑膜炎等结核病，所以孩子出生后需要及时接种卡介苗。卡介苗越早接种越好，其预防的效果越明显。但是，早产儿、难产儿和患过感冒、过敏、发热的孩子暂时不能接种，建议出生后3个月内（体重已经达到2500g）及时补种。这个时间段补种后其预防效果

没有明显的差异。最迟不能超过1周岁接种。接种前需要做结核菌素实验，如果是阳性（可能曾经有过潜在的感染），孩子就不需要再接种了，说明体内已经产生免疫力；如果是阴性就需要接种。对于免疫缺陷者、免疫功能低下或正在接受免疫抑制剂治疗者、湿疹或者有其他皮肤病者禁止接种。另外，已知对卡介苗中所含有成分过敏者也禁止接种。

新生儿接种卡介苗后3~6个月应复查，目的是检验接种是否成功。复查时需要做结核菌素实验，如果是阳性说明接种成功，孩子就不需要再接种了，因为体内已经产生免疫力。如果是阴性就说明卡介苗没有接种成功，但国内大部分专家认为这种情况不需要补种。

这里需要说明的是，卡介苗其预防保护率在80%左右，而且不是终身免疫。如果孩子长期营养不良，体质很弱，免疫力低下，即使接种了卡介苗仍有可能感染结核病。

孩子是卡介苗感染了吗

"

Q 我的孩子现在4个月，在2个半月的时候，发现他的左腋下有个红色的包块，模样像疖子。到医院做切开引流，流出很多脓液，以后隔天换药（呋喃西林），2个星期后基本愈合。但后来又切开引流2次，目前正在服用抗痨药物，有什么好的治疗办法可以根治吗？

"

A 孩子出生24小时后接种的第二针疫苗就是卡介苗。接种卡介苗后局部会出现红色小结，略有痛痒，然后结节中心出现脓疱，部分脓疱会破溃，2～3个月后结痂，并留下微红色的小疤痕。破溃时不需要包扎，注意洗澡时不要沾水，一般就会愈合结痂。

卡介苗常见的不良反应主要是淋巴结炎。接种的卡介苗菌进入人体后通过血液传播到全身。在机体杀灭卡介苗菌的同时，亦产生了对结核菌的抵抗力。但是由于个体的差异，有的孩子不能完全消灭淋巴结中的卡介苗菌，反而继续繁殖产生脓疡，因此淋巴结出现了红肿、化脓。这个情况可以切开引流，一般在脓液中不能查出卡介苗菌。如果有卡介苗菌可进行抗结核治疗，如口服异烟肼（雷米封）直至伤口愈合再吃1～2个月。这种情况一般认为与接种卡介苗的量没有直接关系，而与孩子的体质有关。世界卫生组织统计数据显示，卡介苗淋巴结炎发生率<1‰。

脊髓灰质炎疫苗（脊髓灰质炎减毒活疫苗为一类疫苗/脊髓灰质炎灭活疫苗为二类疫苗）

脊髓灰质炎疫苗相关知识

小儿脊髓灰质炎疫苗可以预防因脊灰病毒引起的急性传染病（俗称小儿麻痹

症），主要影响5岁以下的年幼儿童。病毒通过受污染的食物和水传播，经口腔进入体内并在肠道内繁殖。90%以上受感染的人没有症状，但他们排泄的粪便带有病毒，因此传染给他人。少数感染者出现发热、疲乏、头痛、呕吐、颈部僵硬以及四肢疼痛等症状。仅有极少数感染者，由于病毒侵袭神经系统导致不可逆转的瘫痪。在瘫痪病例中，5%～10%的患者因呼吸肌麻痹而死亡。脊灰没有特效药，只能采取预防措施。多次接种脊灰疫苗，可使儿童获得终身保护。1988年，第四十届世界卫生大会提出2000年全球消灭脊灰的目标。2010年，全球共19个国家检测到脊灰野病毒病例，包括4个本土脊灰流行国家（其中3个与我国接壤），15个输入国家（其中4个与我国接壤）。所以，在全球消灭小儿脊髓灰质炎前，我国仍存在着发生脊灰的可能。到目前为止，全球脊灰的发病已经减少了99%以上，有脊灰流行的国家也减少到3个。这3个国家是阿富汗、尼日利亚和巴基斯坦。脊灰能够而且事实上也确实从这些国家传播至邻国以及更远的国家。必须牢记的是，只要任何地方还有脊灰，世界各地儿童就都面临威胁。脊灰很容易传播，无国界之分，也不分社会阶层。现在是我们将这种可怕但可预防的疾病彻底消灭的最佳时机。接种脊髓灰质炎疫苗是预防此种疾病的必要手段。

目前我国使用的脊髓灰质炎疫苗有两种。

一种是脊髓灰质炎减毒活疫苗，原来是口服的，俗称"小儿麻痹糖丸"，属于计划内疫苗。脊灰病毒按其抗原性不同，分为Ⅰ型、Ⅱ型、Ⅲ型共三个血清型。三个血清型之间交叉免疫力较弱，也就是说，对某种血清型有免疫力并不表示对其他血清型有足够的免疫力。小儿麻痹糖丸含有这三种血清型。由于Ⅱ型脊灰病毒已经在全球实现消灭，根据全球消灭脊灰的整体安排，自2016年5月起，全球停用疫苗中的Ⅱ型组成部分，以消除Ⅱ型脊灰疫苗株带来的危害。所以，目前我国接种的是脊髓灰质炎减毒活疫苗，是包含Ⅰ型、Ⅲ型共两个血清型的滴剂。

接种程序为，在2、3、4月龄及4岁各接种1剂，第一、第二剂和第二、第三剂之间的间隔时间应≥28天。我国接种程序为，第一、第二剂脊灰灭活疫苗后，后面2剂接种新的两型病毒（2价）口服脊灰减毒活疫苗滴剂，每次2滴，约0.1mL。根据美国《疫苗可预防疾病：流行病学和预防（第12版）》一书所载，接种一剂后约有50%接种者获得免疫，接种3剂后95%以上接种者获得免疫，可能会产生终生免疫。遗憾的是，口服减毒活疫苗后，粪便排出病毒可达6周。

另一种是脊髓灰质炎灭活疫苗，注射用，仅第3剂、第4剂需自费。脊髓灰质炎灭活疫苗接种程序为2、3、4月龄进行基础免疫，每次0.5mL；18月龄加强免疫（即第一次加强），一次0.5mL。小儿选择上臂外侧三角肌或大腿前外侧中部，肌肉注射。接种2剂后，90%以上接种者对所有的三个血清型脊灰病毒可产生保护性抗体，接种3剂后至少99%接种者获得免疫。脊髓灰质炎灭活疫苗不存在粪便排毒情况。美国免疫实施咨询委员会建议，美国从2000年开始全部应用脊灰灭活疫苗，从而阻断了减毒活疫苗接种者粪便中排出脊髓灰质炎病毒，进而消除了在美国本土发生任何脊髓灰质炎病例的可能。

脊髓灰质炎减毒活疫苗禁忌证：1.已知对该疫苗的任何组分，包括辅料及抗生素过敏者；2.患急性疾病、严重慢性疾病、慢性疾病的急性发作期、发热者；3.免疫缺陷、免疫功能低下或正在接受免疫抑制剂治疗者；4.患未控制的癫痫和其他进行性神经系统疾病者。

脊髓灰质炎灭活疫苗禁忌证：1.对疫苗中的活性物质、任何一种非活性物质或生产工艺中使用的物质，如新霉素、链霉素、多黏菌素B过敏者，或以前接种该疫苗时出现过敏者；2.发热或急性疾病期小儿应推迟接种。

口服脊髓灰质炎减毒活疫苗通常无不良反应，个别人可能有发热、呕吐、腹泻，一般不需要处理。

脊髓灰质炎灭活疫苗对于患有出血性疾患或血小板减少症的孩子，如果肌肉注射这种疫苗有可能会引起出血。对于正在接受免疫抑制剂治疗或者免疫缺陷的患者，注射本疫苗可能导致免疫反应减弱，建议接种应推迟到治疗结束后，以确保本疫苗的接种效果。免疫缺陷者虽然会导致有限的免疫反应，但是也推荐接种脊髓灰质炎灭活疫苗。

《国家免疫规划疫苗儿童免疫程序及说明（2016年版）》中说明了补种原则：

1. 对于脊灰疫苗迟种、漏种儿童，补种相应剂次即可，无须重新开始全程接种；<4岁儿童未达到3剂（含补充免疫等），应补种完成3剂；≥4岁儿童未达到4剂（含补充免疫等），应补种完成4剂；补种时2剂次脊灰疫苗之间间隔≥28天；

2. 脊灰灭活疫苗纳入国家免疫规划以后，无论在补充免疫、查漏补种或者常规免疫中发现脊灰疫苗为0剂次的目标儿童，前2剂接种脊灰灭活疫苗；

3. 2016年5月1日后，对于仅有两型病毒口服脊灰减毒活疫苗接种史（无脊灰减毒活疫苗或脊灰灭活疫苗接种史）的儿童，补种1剂脊灰灭活疫苗；

4. 对既往已有脊灰减毒活疫苗免疫史（无论剂次数）而脊灰灭活疫苗免疫迟种、漏种的儿童，用现行免疫规划用脊灰减毒活疫苗补种即可，不再补种脊灰灭活疫苗。

服用脊髓灰质炎减毒活疫苗滴剂有哪些注意事项

Q 听说服用脊髓灰质炎减毒活疫苗滴剂需要用凉开水送服，而且服后半小时内不能吃奶，否则疫苗会失去效力，必须重服。是这样的吗？

A 脊髓灰质炎减毒活疫苗滴剂是经过处理的减毒活疫苗，这种疫苗怕光、怕热、怕冻结，在50℃时很快就会死亡。本疫苗保存适宜的温度是在2℃～8℃，因此要求在运输和储存这种疫苗时必须是在冷链状态下，而且一定要把疫苗放在冰箱冷藏室内。为了确保疫苗服用的效果，应从冷藏箱中拿出来后立即口服，时间长了就会失去作用。

服用脊髓灰质炎减毒活疫苗滴剂需要注意以下几点。

● 接种疫苗之前应如实向预防接种医生告知儿童身体健康状况，若有感冒、发热、腹泻等症状，待恢复健康后进行补种。

● 口服脊灰减毒活疫苗需用凉开水送服（水温在37℃以下），服苗前后半小时内避免热饮。

● 接种疫苗后，须在预防接种单位留观至少30分钟。若儿童出现轻度发热等一般反应，通常不需任何处理。若高热不退或伴有其他并发症者，应及时到医院就诊。（以上部分内容摘自"中国疫苗和免疫网"）

脊髓灰质炎减毒活疫苗没有连续吃可以吗

Q 我的宝宝现在满4个月，在2、3月龄时各吃了1次脊髓灰质炎减毒活疫苗。现在又该吃第三次了，可是孩子正在发热，而且腹泻，大夫说目前不能吃脊髓灰质炎减毒活疫苗。请问，如果停掉1次，可以起到免疫作用吗？我应该怎么办？

A 脊髓灰质炎减毒活疫苗可以预防脊髓灰质炎（俗称小儿麻痹症）。这种减毒活疫苗接种在人体中能生长繁殖，但不引起疾病，对身体刺激的时间长，一般免疫效果好，免疫力持续的时间长。为了获得好的效果，口服后体内逐渐产生抗体，必须通过再次继续口服，体内才能对脊髓灰质炎产生持续的免疫力。随着时间的推移，这种抵抗力也会逐渐减弱，所以在4岁时再加强1次，这样才能长时间地维持免疫效果，达到95%以上的获得免疫，可能会终身免疫。如果孩子中断了某一次口服，就会影响免疫的效果，不能有效地预防脊髓灰质炎。由于目前孩子发热，如果接种脊髓灰质炎减毒活疫苗会使原来的疾病加重，或者腹泻也会将疫苗排泄掉。因此，需要在孩子疾病好了以后，马上去医院继续口服疫苗就是了。同时，家长要记住，吃疫苗前后各半小时内不能吃母乳或热的食品，防止疫苗失效。

为什么我国还要使用脊髓灰质炎减毒活疫苗

Q 看报道，个别的孩子口服脊髓灰质炎减毒活疫苗导致肢体瘫痪，现在已经研制并开始使用脊髓灰质炎灭活疫苗，为什么我们还要使用脊髓灰质炎减毒活疫苗？

A 脊髓灰质炎减毒活疫苗是我国预防接种的一类疫苗，是免费的疫苗，而脊髓灰质炎灭活疫苗在我国属于二类疫苗，需要自费。但是自2020年6月起，脊髓灰质炎灭活疫苗第1、第2剂为计划内疫苗，免费接种。世界上很多国家都在使用脊髓灰质炎减毒活疫苗，这是因为其生产成本低，接种时操作简单，只需要口服即可，孩子容易接受，免疫效果比较好，容易大面积使用。因此，脊髓灰质炎减毒活疫苗对建立人群的免疫屏障效果良好，也便于进行强化免疫。

目前接种脊髓灰质炎减毒活疫苗确实可能出现严重的不良反应，据世界卫生组织统计，脊髓灰质炎减毒活疫苗导致肢体瘫痪的概率为每25万人中仅有1例，而且几乎都发生在接种第一剂时。相对于每200例感染病例中会有1例出现不可逆转的瘫痪，在瘫痪病例中，5%～10%的患者因呼吸肌麻痹而死亡，接种这种疫苗导致的瘫痪还是少之又少。世界卫生组织指出，口服脊灰疫苗是迄今开发的最安全疫苗之一。它极为安全，病童和新生儿均可服用。现已在世界各地使用这一疫苗，它至少挽救了500万名儿童，使其免于罹患脊灰和永久瘫痪。在极为罕见情况下，口服脊灰疫苗中的减毒病毒可能会变异并恢复毒力。但是，儿童面临的脊灰风险远远超过脊灰疫苗的任何副作用。世界卫生组织又同时强调，只要还有一名儿童感染脊灰病毒，所有国家的儿童就仍有感染该疾病的危险。如果不能将这些仍然持续发生脊灰传播的情况加以消灭，在10年之内就会使全世界每年出现的新发病例多达20万例。所以针对发展中国家来说，口服脊髓灰质炎减毒活疫苗仍不失一个建立人群免疫屏障、保障儿童健康、免于脊髓灰质炎感染的好的预防措施。

在我国，自费的脊髓灰质炎灭活疫苗也在使用，相信为了预防疫苗衍生脊髓灰质炎发生，脊髓灰质炎灭活疫苗不久将逐渐完全取代脊髓灰质炎减毒活疫苗。

另外，需要注意的是，我国2016年5月1日开始使用2价病毒口服脊灰减毒活疫苗，采用了新的脊灰免疫程序：第一剂为脊灰灭活疫苗，后接种3剂新的两型病毒口服脊灰减毒活疫苗滴剂。2020年6月开始第一、第二剂为脊灰灭活疫苗，采用注射进行接种，而后2剂将口服两型病毒口服脊灰减毒活疫苗。这样接种第一、第二剂脊灰灭活疫苗后小儿机体产生了一定的免疫力，再接种脊髓灰质炎减毒活疫苗不会发生肢体瘫痪，降低了患病风险。随着我国经济的发展，口服脊灰减毒活疫苗也将逐步淘汰，最后全部采用脊灰灭活疫苗。

为什么我的孩子需要注射脊髓灰质炎灭活疫苗

Q 我的孩子2个月，因为鹅口疮反复不愈，医生建议他选择注射脊髓灰质炎灭活疫苗，这是为什么？

A 注射用脊髓灰质炎灭活疫苗是脊髓灰质炎减毒活疫苗的替代疫苗，能有效规避脊髓灰质炎减毒活疫苗引发脊髓灰质炎（俗称小儿麻痹）的风险，有免疫缺陷、免疫功能低下的婴幼儿应优先考虑接种。孩子鹅口疮虽然经过正规的治疗，但是反

复迁延不愈，是否是免疫功能低下或者有免疫缺陷？为了慎重起见，暂时不建议口服脊髓灰质炎减毒活疫苗，而采用注射用脊髓灰质炎灭活疫苗。孩子在6个月前因为有母体抗体的保护，可能没有什么临床的表现，但是口服了脊髓灰质炎减毒活疫苗就有可能造成严重感染或者带毒状态。目前，如何早期识别和诊断孩子原发免疫缺陷还有一定困难，因此对正规治疗效果不佳的严重感染，如反复不愈的中耳炎、鹅口疮、肺炎、肛周脓肿、口腔溃疡等，或先天性心脏病、血小板不明原因持续或反复减少建议选择接种

脊髓灰质炎灭活疫苗，同时带孩子去医院做免疫功能评估。

《国家免疫规划疫苗儿童免疫程序及说明（2016年版）》建议以下人群按照说明书全程使用脊髓灰质炎灭活疫苗：原发性免疫缺陷、胸腺疾病、有症状的HIV感染或CD4 T细胞计数低、正在接受化疗的恶性肿瘤、近期接受造血干细胞移植、正在使用具有免疫抑制或免疫调节作用的药物（例如大剂量全身皮质类固醇激素、烷化剂、抗代谢药物、TNF-α抑制剂、IL-1阻滞剂或其他免疫细胞靶向单克隆抗体治疗）、目前或近期曾接受免疫细胞靶向放射治疗。

哪些孩子适合接种脊髓灰质炎灭活疫苗

Q 孩子2个月去医院口服小儿麻痹疫苗，我发现有的孩子接种注射的脊髓灰质炎灭活疫苗，但它是自费的。请问哪些孩子适合接种脊髓灰质炎灭活疫苗？我的孩子可以接种吗？

A 所有的孩子都适合接种脊髓灰质炎灭活疫苗。注射用脊髓灰质炎灭活疫苗比口服剂免疫效果更好，接种3剂后至少99%的接种者获得免疫。脊髓灰质炎灭活疫苗不存在粪便排毒情况，更安全，而且注射的剂量准确，可以得到保证。而口服脊髓灰质炎减毒活疫苗受温度限制，同时如果孩子呕吐、腹泻容易造成剂量不够的问题。灭活疫苗也不会出现口服疫苗易发生的感染脊髓灰质炎的情况。有免疫功能低下、免疫缺陷的孩子以及早产儿、低出生体重儿最好接种脊髓灰质炎灭活疫苗。

可以给孩子改用脊髓灰质炎灭活疫苗吗

Q 我的孩子已经2个月了，如果第一剂吃了脊髓灰质炎减毒活疫苗，到3个月给孩子改用脊髓灰质炎灭活疫苗，可以吗？如果开始给孩子使用脊髓灰质炎灭活疫苗，应该如何完成全程免疫？

A 我国在统一用灭活疫苗进行脊髓灰质炎免疫时，划定其只能用于最初1、2次的基本免疫，而后必须用口服减毒活疫苗进行2次加强免疫。如果孩子已经口服了脊髓灰质炎减毒活疫苗，原则上不建议改用脊髓灰质炎灭活疫苗。有的地区第一、第二剂使用脊髓灰质炎灭活疫苗，最好第三、第四剂口服脊髓灰质炎减毒活疫苗，并按照脊髓灰质炎减毒活疫苗的免疫程序完成全程免疫。如果前3剂都接种脊髓灰质炎灭活疫苗，4岁时应加服一剂脊髓灰质炎减毒活疫苗或者加种一剂脊髓灰质炎灭活疫苗。

b型流感嗜血杆菌结合疫苗（二类疫苗）

b型流感嗜血杆菌结合疫苗相关知识

b型流感嗜血杆菌主要侵袭5岁以下儿童，发病高峰多见于6～11个月儿童。b型流感嗜血杆菌引起的侵袭性疾病可累及多个系统器官，如b型流感嗜血杆菌脑膜炎和b型流感嗜血杆菌肺炎，还可以引起会厌炎、脓毒关节炎、蜂窝组织炎、肺炎、脓胸等。b型流感嗜血杆菌脑膜炎后遗症表现为智力低下、偏瘫、脑病、视力和听力障碍等。b型流感嗜血杆菌引起的感染性疾病以春冬两季多见，主要通过隐性带菌者的呼吸道飞沫传播，具有一定传染性。这是一种严重危害儿童健康的疾病。即使使用敏感抗生素治疗，病死率仍可达2%～5%。b型流感嗜血杆菌结合疫苗是目前最好的预防手段。世界卫生组织认为，流感嗜血杆菌疾病的严重危害性是毋庸置疑的，不应该因为缺乏疾病负担和监测的资料而延缓使用b型流感嗜血杆菌结合疫苗。因此，该疫苗的接种十分有必要。

目前我国大多数地区使用的都是安尔宝b型流感嗜血杆菌结合疫苗，其接种程序如下。

●小于6月龄的婴儿从2个月开始接种，间隔1或2个月，每次0.5mL，连续接种3剂，在第三次接种后1年（我国建议18月龄，美国加强免疫建议12～15月龄），加强接种1剂（0.5mL）。

●6～12月龄的婴儿共打2剂，2剂间

隔1或2个月，每次0.5mL。加强针建议于18月龄接种（0.5mL）（美国加强免疫建议12～15月龄）。

●1～5岁的儿童只接种1剂（0.5mL）。

需要提请注意的是，加强免疫与基础免疫第二针之间的间隔不得少于2个月。

b型流感嗜血杆菌结合疫苗接种部位是，2个月～2岁婴幼儿建议在大腿前外侧（中间1/3段）、上臂三角肌或臀部外上1/4处这三处的其中一处接种，2岁以上的儿童在上臂三角肌处注射。

b型流感嗜血杆菌结合疫苗是一种非常安全的疫苗，不良反应发生率极低。少数发热都为中低热，未出现过高热，发热多在接种后6小时内发生，在24小时内消退。此疫苗异常反应极为罕见。

禁忌证：有癫痫、惊厥及过敏史者，患有脑部、肾脏、心脏疾患和活动性肺结核者不能接种。对本疫苗已知成分过敏者、对破伤风类毒素过敏者或对先期接种本疫苗过敏者禁忌。接种时，小儿发热或处于急性疾病期，尤其是感染性疾病或慢性疾病活动期应暂缓接种。

b型流感嗜血杆菌结合疫苗有必要接种吗

Q 孩子已经2个月了，带他去医院接种疫苗，医生推荐我给孩子接种b型流感嗜血杆菌结合疫苗。这是二类疫苗，自费的，有必要接种吗？

A 根据世界卫生组织统计，60%的5岁以下的孩子患细菌性脑膜炎是由流感嗜血杆菌感染引起的，病死率在5%～10%，后遗症发生率30%～40%，所以是一种严重危害儿童身体健康的疾病。在一些发达国家，b型流感嗜血杆菌结合疫苗都是计划内疫苗，鉴于我国财力的原因不可能完全将所有疫苗实施免费接种，所以将b型流感嗜血杆菌结合疫苗纳入到二类疫苗。但不能说这种疫苗所预防的疾病不重要，正如世界卫生组织所说，流感嗜血杆菌疾病的严重危害性是毋庸置疑的。世界卫生组织还特别强调，不应该因为缺乏疾病负担和监测资料而延缓使用b型流感嗜血杆菌结合疫苗。因此，如果不考虑费用问题，b型流感嗜血杆菌结合疫苗当然需要接种。

b型流感嗜血杆菌结合疫苗可以和其他疫苗同时接种吗

Q 我的孩子已经3个月了，今天开始接种百白破疫苗，并继续接种脊髓灰质炎灭活疫苗第二剂，可以同时接

A b型流感嗜血杆菌结合疫苗可以与麻腮风疫苗、百白破疫苗、脊髓灰质炎灭活疫苗同时接种，但应在不同部位接种。

百白破疫苗（一类疫苗）

百白破疫苗相关知识

百白破疫苗，顾名思义，就是预防百日咳、白喉、破伤风的疫苗。

百日咳是由百日咳杆菌引起的一种急性、传染性极强的呼吸道疾病，主要传染婴幼儿，其临床表现为阵发性痉挛性咳嗽，同时咳嗽终末期伴有鸡鸣样吸气声，发作次数多少不定，以夜间为多见，病程可达2～3个月之久。同时，本病还可引起孩子痉挛、窒息，合并肺炎、脑炎。严重者可以引起脑组织损害，导致孩子智力低下，甚至死亡。

白喉是由白喉杆菌通过飞沫、接触引起的急性传染病，多见于年长儿。其症状主要是咽喉黏膜充血肿胀，并有灰白色伪膜形成，牢固地附着在咽喉部组织上，不易除去。这是一种全身中毒性疾病，可以并发心肌炎、肺炎、心力衰竭、肌麻痹。

破伤风是一种由破伤风杆菌产生的外毒素引起感染的疾病。皮肤损伤后，破伤风杆菌芽孢进入伤口，将伤口的坏死组织转变为破伤风杆菌。破伤风杆菌产生外毒素，侵犯中枢神经系统，患儿出现肌肉强直、阵发性痉挛、牙关紧闭、颈部强直、角弓反张，严重者出现呼吸痉挛而导致死亡。该病死亡率高达20%～40%。

要预防百日咳、白喉、破伤风疾病发

生，接种疫苗无疑是最好的方法。

目前，百白破疫苗有多种剂型，但主要是吸附无细胞百白破疫苗和吸附全细胞百白破疫苗。其中，吸附无细胞百白破疫苗还分国产的和进口的。我国3个月～5岁儿童接种的是吸附无细胞百白破联合疫苗（百白破疫苗，DTaP）。

接种程序：百白破疫苗全程共需要接种4次，为婴儿3、4、5月龄各接种1剂次。每剂接种时间间隔必须≥28天。18～24个月加强接种1剂次。每次接种剂量为0.5mL。

接种部位：臀部或上臂外侧三角肌深部肌内注射。

吸附无细胞百白破联合疫苗（儿童型）不良反应（内容摘自《中华人民共和国药典（2015年版）》）有以下几种。

常见不良反应：

●注射部位可出现红肿、疼痛、瘙痒；

●全身性反应可有低热、哭闹等，一般不需处理即可自行缓解。

罕见不良反应：

●烦躁、厌食、呕吐、精神不振等；

●重度发热反应，应给予对症处理，以防热性惊厥；

●局部硬结，1～2个月即可吸收。严重者可伴有淋巴管或淋巴结炎，应及时就诊。

极罕见不良反应：

●局部无菌性化脓，一般需反复抽出脓液，严重时（破溃）扩创清除坏死组织，病程较长，最后可吸收愈合；

●过敏性皮疹，一般在接种疫苗后72小时内出现荨麻疹，应及时就诊，给予抗过敏治疗；

●过敏性休克，一般在注射疫苗后1小时内发生，应及时抢救，注射肾上腺素进行治疗；

●过敏性紫癜，应及时就诊，应用皮质固醇类药物给予抗过敏治疗，治疗不当或不及时有可能并发紫癜性肾炎；

●血管神经性水肿；

●神经系统反应，临床表现为抽搐、痉挛、惊厥、嗜睡及异常哭叫等症状，引发神经炎及神经根炎，导致变态反应性脑脊髓膜炎。

禁忌证：对于疫苗所含任何成分过敏者或者接种本疫苗后发生神经系统反应者；患有脑病、没有控制住的癫痫等其他神经系统疾病者。对患有急性发热性疾病的患儿推迟接种，待疾病痊愈后进行接种。如果使用的是葛兰素史克公司生产的吸附无细胞百白破疫苗，热性惊厥病史和惊厥发作史不是禁忌证。

需要家长注意的是，因为本疫苗是深部肌内注射，所以对于有血小板减少症或出血疾患的孩子一定要注意，注射后要在注射的部位紧压2分钟以上，同时不要来回揉搓。

百白破联合疫苗有几种，为什么有自费的

Q 我去医院给孩子接种百白破疫苗，医生介绍了几种，让我选择。如果选择进口的百白破疫苗就需要自费，这是为什么？

A 目前我国使用的百白破联合疫苗有两种，一种是吸附全细胞百白破联合疫苗，一种是吸附无细胞百白破联合疫苗，其中吸附无细胞百白破联合疫苗又分为进口的和国产的。进口疫苗是需要自费的。进口疫苗接种反应率要低一些，尤其第四针加强接种反应强度比国产的轻微。

国家免疫规划已经用无细胞疫苗替代全细胞疫苗，因为根据文献报道，前者接种后的不良反应比后者小。

百白破联合疫苗可以提前或延后接种吗

Q 我的孩子因为生病错过了百白破疫苗的第二针接种的时间，我该怎么补上这一针？第三针按照什么时间顺序接种？

A 一般情况下，百白破疫苗以后是可以补种的。所有的疫苗接种按照《预防接种工作规范》的要求，应遵守免疫程序进行接种。《国家免疫规划疫苗儿童免疫程序及说明（2016年版）》所指出的补种原则为以下几点。

（1）3月龄～5岁未完成百白破疫苗规定剂次的儿童，需补种未完成的剂次，前3剂每剂间隔≥28天，第4剂与第3剂间隔≥6个月。

（2）≥6岁接种百白破疫苗和白破疫苗累计＜3剂的儿童，用白破疫苗补齐3剂；第2剂与第1剂间隔1～2个月，第3剂与第2剂间隔6～12个月。

（3）根据补种时的年龄选择疫苗种类，3月龄～5岁使用百白破疫苗，6～11岁使用吸附白喉破伤风联合疫苗（儿童用），≥12岁使用吸附白喉破伤风联合疫苗（成年人及青少年用）。

如果孩子在这段时间推迟接种，因保

护抗体水平比较低，会增加感染这种疾病的机会。因此，除非在不得已的情况下，最好不要随便推迟接种疫苗的时间。另外，所有的疫苗都不能提前接种。

为什么4次接种百白破疫苗都不在同一部位

Q 我的孩子已经完成百白破疫苗基础免疫和加强免疫，为什么这4次接种都是在不同的部位注射？

A 百白破疫苗中含有的吸附剂可能会导致有的孩子肌内注射后出现硬结，虽然通过热敷可以逐渐消退，但为了减少硬结出现，医生往往将这4针注射到不同的部位。如第一针注射在左侧上臂三角肌，第二针在左臀大肌部位，第三针注射在右侧上臂三角肌，第四针在右臀大肌部位。

接种百白破疫苗第一针后出现严重反应还能继续接种吗

Q 我的孩子接种百白破疫苗第一针后出现严重反应，主要表现为热性惊厥，请问剩下的两针还能继续接种吗？

A 百白破疫苗的基础免疫需要连续接种3针，但是如果孩子接种第一针后出现严重反应——热性惊厥，就不应该继续接种了。类似的严重反应还包括过敏性休克、意识丧失、诱发血液病等，都不应该继续接种。可以选择反应小的替代疫苗继续接种，如果没有替代疫苗也不要继续接种。但是，一般局部反应或者发热低于38.5℃的温度，可以继续接种。

还需要打破伤风针吗

Q 我的孩子已经2岁了，他很淘气，到处乱摸乱动。这几天由于爬高摔下来，被地上的一个钉子扎破手指，我看伤口不大，就没有带孩子去医院打破伤风针，但家中人一直在埋怨我。请问我的孩子已经接种过全成分百白破疫苗，他还需要打破伤风针吗？

A 孩子在2、3、4月龄时各接种1针百白破疫苗，1岁半时加强1针百白破疫苗，用来预防百日咳、白喉、破伤风疾病。孩子的体内已经产生了抵抗这3种疾病的抗体，不必要再注射破伤风针。

破伤风针在医学上称破伤风抗毒素，是免疫马的血浆经过一系列生化加工而成的一种异种蛋白抗毒素血清。也有些来源于人体的血清，常被称为破伤风免疫球蛋白。其用于预防和治疗破伤风。如果孩子已经全程接种过百白破疫苗（即基础免疫3针+加强1针）且在接种后5～10年内，那么清洁的伤口就没必要再打破伤风类毒素和破伤风抗毒素或破伤风免疫球蛋

白了。目前对于百白破疫苗的保护期有不同的说法，世界卫生组织认为，无细胞百白破疫苗、全细胞百白破疫苗的抗体持续时间一般为6～12年，一般公认是10年保护期。美国推荐每10年接种一次含有破伤风抗毒素的疫苗。2018年《中国破伤风免疫预防专家共识》提出，全程免疫后的百白破疫苗作用持续时间可达到5～10年，在全程免疫后进行加强免疫，其作用持续时间可达10年以上。如果完成了全程免疫后受伤，且伤口是不洁或污染伤口，需要接种一次破伤风类毒素，接种剂量为0.5mL，但无须接种破伤风抗毒素或破伤风免疫球蛋白。王创新主编的《预防接种实用知识问答》（山东大学出版社2011年10月出版）指出，只要确认孩子全程接种了百白破疫苗或者白破二联疫苗，就对破伤风杆菌有免疫力，没有必要再注射破伤风抗毒素。《美国儿科学会育儿百科（第6版）》也认为，如果孩子最近接种过破伤风疫苗，那么在切割伤和撕裂伤发生之后没有必要再次去打破伤风抗毒素。如果受伤的时候，还没有接种加强针或者正处于需要接种加强针的时候，最好为孩子注射一针破伤风抗毒素。

五联疫苗（二类疫苗）

五联疫苗相关知识

　　五联疫苗是法国巴斯德生产的含有脊髓灰质炎灭活疫苗、无细胞百白破疫苗和b型流感嗜血杆菌疫苗的联合疫苗，可以替代这三种疫苗。

　　经过临床研究，五联疫苗具有的免疫原性（即刺激机体形成特异抗体或致敏淋巴细胞的能力）与分别接种这三种疫苗无差异，孩子接种后耐受良好、血清保护率接近100%。美国家庭医师学会和美国免疫实施咨询委员会均推荐使用联合疫苗，认为五联疫苗最大限度地减少注射次数——从12剂到4剂，也减少了因接种剂次带来的疼痛和不良反应风险，家长花费在为宝宝接种疫苗上的时间和精力降低，同时提高免疫接种表的依从性。与分开接种各疫苗相比，优先推荐联合疫苗。并且，五联疫苗能降低罹患小儿麻痹的风险。

　　接种程序：在2、3、4月龄或3、4、5月龄进行3剂基础免疫，在18月龄进行1剂加强免疫。每次接种单剂本品0.5mL。

　　不良反应：来自国内外临床研究的数据显示，全身和注射局部常见的不良反应有发热、腹泻、呕吐、食欲不振、嗜睡、哭闹、接种部位触痛、红斑和硬结等。

　　禁忌证：对本品任一组或对百日咳疫苗（无细胞或全细胞百日咳疫苗）过敏，或者以前接种过含有相同组分的疫苗出现过危及生命的不良反应者；具有进行性脑病者；以前接种百日咳疫苗后7天患过脑病者。另外，发热或急性病期间必须推迟接种本品。

　　接种时注意事项：确保本品注射不能经过血管内（针头不得刺穿血管）或皮内注射。本品慎用于患有血小板减少症或凝血障碍者，因为肌内注射可能存在出血的风险。由于本品含有痕量戊二醛、新霉素、链霉素和多粘菌素B，需谨慎考虑接种本品。如果出现过与前一次疫苗注射无关的热性惊厥，不是接种本品的禁忌。但有过热性惊厥的，接种48小时内体温监测以及常规使用退热药以减轻发热尤为重要。如果曾经出现过与前一次疫苗接种无关的非热性惊厥，需谨慎考虑接种本品。如果以前接种过含有破伤风类毒素的疫苗后出现格林-巴利综合征或臂丛神经炎，是否接种任何一种含有破伤风类毒素疫苗应该基于对潜在的益处和可能的风险进行仔细的衡量。对于基础免疫程序接种没有完成（接种少于3个剂次）的婴儿通常可考虑继续接种。对于妊娠≤28周出生的早产儿进行基础免疫接种时，应考虑潜在的窒息风险以及进行48～72小时呼吸监测的必要性，尤其是对那些具有呼吸系统发育不全病史的婴儿。但由于此类婴儿可从免疫接种中获益很高，故不应拒绝或延迟免疫接种。

如有下列任何一种情况，可能暂时与疫苗接种相关，就需要谨慎决定是否进一步接种含有百日咳的疫苗：

● 48小时内出现的非其他明确病因导致的≥40℃发热；

● 接种后48小时内出现虚脱或休克症状（低张力、低反应现象）；

● 接种后48小时内出现超过3小时、持续且无法安抚的哭闹；

● 接种后出现或3天内出现发热，并伴有或不伴有热性惊厥。

五联疫苗的优点在哪里

Q 我的孩子2个月时去医院接种疫苗，医生向我们介绍了五联疫苗，但是五联疫苗是自费的。请问接种五联疫苗的好处是什么？

A 从2007年开始，我国已经将甲肝疫苗、脑膜炎球菌疫苗、乙脑疫苗、麻腮风联合减毒疫苗等纳入我国免疫规划中，对适龄儿童实行免费接种。疫苗的种类由原来的6种扩大到14种，预防传染病由原来的7种扩大到15种。孩子在2岁前需要接种疫苗18～20剂次，6个月之前几乎每个月要接种2～3剂次。对于婴幼儿来说，这么多次的接种不但增加了痛苦，也增加了发生疑似接种的异常反应风险和偶合反应的概率。过多的接种针次也会影响接种对象的依从性和疫苗的接种率。五联疫苗是法国巴斯德生产的含有脊髓灰质炎灭活疫苗、无细胞百白破疫苗和b型流感嗜血杆菌疫苗的联合疫苗，可以替代这三种疫苗，并很好地解决了以上面临的问题。如果按标准程序接种脊髓灰质炎、百白破、b型流感嗜血杆菌这三种疫苗需要接种12次，改用五联疫苗的话只需要接种4次，既减少了宝宝的皮肉痛苦和监护人前往接种门诊的次数，又减少了接种门诊的工作量，同时减少了因多次接种而发生异常反应的风险以及偶合反应的概率，使预防接种的安全性更有保障。

已经口服 2 剂脊灰疫苗和接种 1 剂百白破疫苗，如何接种五联疫苗

Q 我的孩子4个月了，已经口服了2剂脊灰疫苗和接种了1剂百白破疫苗，我想给孩子改用五联疫苗，如何接种？

A 口服脊灰疫苗的全程免疫接种程序

是2、3、4月龄各1剂次，4周岁加强免疫1剂次；百白破疫苗是3、4、5月龄各1剂次，18～24个月加强免疫1剂次。如果孩子在2个月口服过脊灰疫苗1剂、3月龄接种过脊灰疫苗和百白破疫苗各1剂后想改用五联疫苗，那么可以在4月龄和18月龄2次接种五联疫苗，并在5月龄接种百白破疫苗和b型流感嗜血杆菌疫苗各1剂，在6月龄接种b型流感嗜血杆菌疫苗1剂。

接种五联疫苗 2 剂次后想换回一类疫苗可以吗？还可以如何选择

Q 我的孩子在2、3月龄接种了2剂五联疫苗，因为个人原因是否可以换回传统的疫苗？时间间隔有无要求？

A 可以换回原来的疫苗，按照传统疫苗的接种程序完成全程接种。建议最好选择同品牌的免疫疫苗。与3月龄接种五联疫苗间隔时间≥28天，需要同时接种脊灰疫苗1剂次，百白破疫苗1剂次，b型流感嗜血杆菌疫苗1剂次，需要在不同部位接种，然后按以上三种疫苗要求的时间再各加强接种1剂。

也可以用四联（百白破+b型流感嗜血杆菌）+脊灰疫苗替代。

麻疹疫苗（一类疫苗）

麻疹疫苗相关知识

麻疹疫苗可以预防麻疹。麻疹是一种冬春季流行的急性呼吸道传染病，主要多见于儿童，少数成人也会感染，传染性极强，病原体为麻疹病毒。患过麻疹的孩子可以获得终身免疫。麻疹患者是唯一的传染源，主要通过呼吸道飞沫传染或者通过第三者作为媒介进行传染。一年四季都可以发病，晚春最多，潜伏期6～18天。如果发疹不透，或者高热不退，麻疹很容易出现并发症，如喉炎、肺炎、脑炎、中耳炎、心肌炎等。世界卫生组织估计，2004年全球有45万多人死于麻疹，其中大多数是儿童。自从中国1968年开始使用麻疹疫苗、1978年开展计划免疫工作以来，麻疹获得有效的控制。2006年11月，卫生部制定了《2006年—2012年全国消除麻疹行动计划》，并在麻疹疫情控制方面获得了很大的进展，取得了显著的成绩。

我国使用的麻疹疫苗为减毒活疫苗，需要冷链保存。每人每次剂量为0.5mL。

接种对象为8个月以上的婴儿（也包括8个月以上的易感者）。

免疫程序：出生后8个月接种第一剂（目前很多地区用麻疹风疹联合减毒活疫苗代替麻疹疫苗），18～24个月接种第二剂。2020年6月我国规定使用麻腮风疫苗2剂，即8月龄、18月龄各接种一剂，取代麻疹疫苗。

接种部位：上臂外侧三角肌下缘附着处皮下注射。

禁忌证：已知对该疫苗所含任何成分，包括辅料以及抗生素过敏者（如对硫酸庆大霉素或硫酸卡那霉素过敏）；曾患过敏性喉头水肿、过敏性休克、阿瑟氏反应、过敏性紫癜、血小板减少症等严重过敏性疾病者；正患急性疾病，严重慢性疾病，或处于慢性疾病的急性发作期者；有免疫缺陷、免疫功能低下或正在接受免疫抑制治疗者；曾患或正患多发性神经炎、格林－巴利综合征、急性播散性脑脊髓炎、脑病、癫痫等严重神经系统疾病，或其他进行性神经系统疾病者。

暂缓接种：3个月内接种过免疫球蛋白；近期注射过麻疹疫苗或其他减毒活疫苗，需间隔1个月后补种；有感冒、发热等症状，待恢复健康后进行补种。

接种麻风疫苗后2周内避免使用免疫球蛋白。

妊娠期妇女不能接种麻疹疫苗。

注意事项：使用前或注射前消毒剂不能接触疫苗。没有使用完的疫苗应放在2℃～8℃冷柜保存，并于半小时内用完，否则应废弃。麻疹疫苗是减毒活疫苗，不推荐在麻疹流行季节接种。

不良反应：接种疫苗后24小时内有的孩子接种部位可能出现疼痛、红肿、硬结或中低度发热和皮疹，一般不需要特殊处理。接种后6～12天极少数儿童可能出现一过性发热及散在的皮疹，一般不会超过2天便自动消失，不需要做特殊处理，可以对症处理。极为罕见出现过敏性休克、过敏性紫癜、荨麻疹、惊厥等，对症处理即可。

接种麻疹疫苗前必须先吃鸡蛋吗

Q 我们这儿接种麻疹疫苗前必须先给孩子尝试鸡蛋，如果孩子不过敏，才能给孩子接种麻疹疫苗。有必要这样做吗？

A 麻疹疫苗是由鸡胚成纤维细胞培养制备的，而不是鸡胚培养制备的，所以并不含有鸡蛋卵清蛋白成分，而鸡蛋过敏者主要是对卵清蛋白过敏。目前国内外学者均认为，鸡蛋过敏者不是麻疹疫苗的接种禁忌。

新出版的《中华人民共和国药典》已剔除了旧版《药典》将鸡蛋过敏者作为麻疹疫苗接种禁忌的说明。

一般接种麻疹疫苗很少发生过敏反应，即使有也是局部潮红或荨麻疹。除非麻疹疫苗是由鸡胚培养制成的，所以在接种前请看清疫苗说明书。

接种麻疹疫苗后怎么还出疹子

Q 我的儿子已经1岁8个月了，8个月时打过麻疹疫苗，孩子在2周前又加强了一针麻疹疫苗。可是3天前孩子开始发热，热度不高，今天身体可见散在的红色皮疹。大夫经过检查说是疑似麻疹。我的孩子已经注射过麻疹疫苗，怎么还会出麻疹？

A 麻疹疫苗是一种人工减毒活疫苗，接种在人体上可以繁殖生长，虽不引起麻疹，但可能会出现类似麻疹的轻微表现，使得机体获得抵抗力，产生免疫能力。

但是，以下三种情况会造成接种失败。

● 注射疫苗前3周曾经用过胎盘球蛋白或丙种球蛋白，使得免疫作用受到抑制。

● 在注射时，护理人员用消毒的酒精擦拭了针头或者注射的剂量不够，其保护性抗体水平低或没有产生保护性抗体。

● 个别麻疹疫苗的质量或者冷链过程出现问题，保管不到位，引起疫苗失效。

由于接种失败，当孩子接触麻疹病毒后，因为机体对麻疹病毒没有免疫力，可能就会引起麻疹发生。

接种麻疹减毒活疫苗可能出现异常反应，还需要接种吗

Q 我看到麻疹减毒活疫苗的说明书，谈到孩子可能会出现异常反应。现在患麻疹的孩子很少，我孩子还有必要接种吗？

A 疫苗接种确实存在风险，其出现异常反应与疫苗的生物学特性和受种者的个体差异有关，但发生的概率很低，而且通常发生的不良反应是轻微的，不需要临床处置。这比感染麻疹所带来的危害要小得多。如果没有接种疫苗，没有针对麻疹的免疫力，感染麻疹病毒的风险就比较高，也可能会出现严重的并发症或死亡，而且能够将麻疹病毒传染给其他人，造成更大的危害。所以，建议孩子如无特殊情况，一定要接种麻疹疫苗。

孩子已经接种过麻疹疫苗，为什么还要强化接种一次

Q 我的孩子8个月时已经接种过麻疹疫苗，现在他已经1岁2个月了，为什么还要强化接种一次麻疹疫苗？

A 中国疾病控制预防中心解释，国际资料表明，由于儿童个体差异等因素，接种疫苗后并不是所有的儿童都能产生有效的免疫力，约5%～10%的儿童仍可发病。我国麻疹监测表明，近年来部分地区时有疫情暴发，其中5%是接种过2剂次麻疹疫苗的儿童，14%是接种过1剂次的。因此，适龄儿童即使曾接种过2剂次，在无麻疹疫苗禁忌证情况下，再接受强化接种也是有益的。鉴于我国传染病网络直报的疑似麻疹病例中有23%被确诊为其他出疹性疾病，一些家长认为曾患麻疹的儿童接受强化接种也是有必要的。如果家长坚持不同意接种，可尊重其选择。另外，在短时间内对特定人群开展麻疹疫苗强化免疫可以迅速提高人群免疫力，形成免疫屏障，有效阻断麻疹病毒传播。因此，建议家长根据自己孩子的情况酌情选择。

曾发生过热性惊厥的孩子可以接种麻疹疫苗吗

Q 我的孩子6个月时曾发生过热性惊厥，现在要接种麻疹疫苗。但我听说麻疹疫苗的禁忌证中有神经系统疾患，那么我的孩子还可以接种吗？

A 中国疾病预防控制中心免疫规划中心解答，热性惊厥不属于麻疹疫苗的禁忌证。麻疹疫苗的禁忌证请参考本书"麻疹疫苗相关知识"里的内容。如果孩子没有禁忌证里提到的情况，那么是可以接种麻疹疫苗的。

麻风减毒活疫苗（一类疫苗）

麻风减毒活疫苗相关知识

麻风减毒活疫苗是预防麻疹和风疹的联合减毒活疫苗。风疹是由风疹病毒感染，通过呼吸道飞沫、接触传播的急性流行性传染病，儿童期常见。传染源有已经感染的病人，或者没有发病但是携带病毒者，也可能是胎内感染。本病多在冬春季发病，可以在集体流行，一般潜伏期是10～21天。其传染期在发病前几天开始至发疹后5～7天结束。发疹后，孩子伴有咳嗽，咽痛，流鼻涕，头痛，呕吐，结膜炎，耳后、颈部及枕后淋巴结肿大，可并发中耳炎、支气管炎、脑炎、肾炎以及血小板减少症。

《国家免疫规划疫苗儿童免疫程序及说明（2016年版）》表示，我国用麻风减毒活疫苗替代麻疹减毒活疫苗。

接种程序：8个月接种1剂麻风减毒活疫苗，每人次使用剂量为0.5mL。18～24个月接种1剂麻腮风减毒活疫苗。2020年6月我国规定使用麻腮风疫苗2剂，即8月龄、18月龄各接种1剂，取代麻风疫苗。

接种部位：上臂外侧三角肌下缘附着处下注射。

禁忌证：已知对该疫苗所含任何成分过敏者；曾患过敏性喉头水肿、过敏性休克、阿瑟氏反应、过敏性紫癜、血小板减少症等严重过敏性疾病者；正患急性疾病、严重慢性疾病，或处于慢性疾病的急性发作期者；有免疫缺陷、免疫功能低下或正在接受免疫抑制治疗者；曾患或正患多发性神经炎、格林—巴利综合征、急性播散性脑脊髓炎、脑病、癫痫等严重神经系统疾病，或其他进行性神经系统疾病者。

不良反应：接种后24小时内可出现局部疼痛，2～3天自行消失。1～2周可能会出现一过性发热，不需要特殊处理，可以自行缓解。接种后出现过敏性休克、过敏性紫癜或血小板减少症等严重不良反应极其罕见，如有情况应及时送医院进行对症治疗，并与接种单位联系。

《国家免疫规划疫苗儿童免疫程序及说明（2016年版）》中指出了补种原则：

1.扩免前（2007年）出生的≤14岁儿童，如果未完成2剂含麻疹成分疫苗接种，使用麻风疫苗或麻风腮疫苗补齐；

2.扩免后出生的≤14岁适龄儿童，应至少接种2剂含麻疹成分疫苗、1剂含风疹成分疫苗和1剂含腮腺炎成分疫苗，对未完成上述接种剂次者，使用麻风疫苗或麻风腮疫苗补齐。

同时，《国家免疫规划疫苗儿童免疫程序及说明（2016年版）》指出，当针对麻疹疫情开展应急接种时，可根据疫情流行病学特征考虑对疫情波及范围内的6～7月龄儿童接种1剂麻风疫苗，但不计入常规免疫剂次。

什么情况需要暂缓接种含有麻疹成分的疫苗

Q 最近孩子接种了免疫球蛋白，所以医生让我们暂缓接种麻风疫苗，这是为什么？

A 中国疾病控制中心免疫规划中心规定以下情况不能接种含麻疹成分的疫苗：3个月内使用过免疫球蛋白；近期注射过麻疹疫苗或其他减毒活疫苗，需间隔1个月后补种；有感冒、发热等症状，待恢复健康后进行补种；妊娠期妇女。根据以上规定，如果孩子近期注射了免疫球蛋白，暂时就不能接种含有麻疹成分的麻风疫苗，3个月后可以补种麻风疫苗。同时提醒，含有麻疹成分的疫苗（如麻风疫苗）接种后2周内避免使用免疫球蛋白。

患过幼儿急疹的孩子可以接种麻风疫苗吗

Q 我的孩子8个月了，前一周患过幼儿急疹，现在疹子已经完全消退了。医院通知我们近期接种麻风疫苗，可以接种吗？

A 幼儿急疹病程一般为7～10天，其感染的病毒与麻疹无交叉免疫，疹消一周后，如果属于本次麻疹强化接种对象，且无接种禁忌，可以进行接种。

流脑疫苗（一类疫苗）

流脑疫苗相关知识

流脑疫苗主要预防流行性脑脊髓膜炎（简称流脑）。流脑是由脑膜炎双球菌感染引起的化脓性脑膜炎。此病是冬春季常见的急性传染病，主要通过呼吸道飞沫传播侵入。由于我国地域广阔，发病季节略有差异，北方地区冬末开始，南方地区可能晚1～2个月。6～12月龄为发病高峰年龄段，大多数患儿都小于5岁，所以婴幼儿是易感人群。流脑的特点是起病急，变化快，病情重，传播快。脑膜炎双球菌菌株有很多种，我国主要是以A群为主，但近来C群也很猖獗。其潜伏期为2～3天，最短1天，最长7天，患儿主要表现为发热、剧烈头痛、呕吐、嗜睡、昏迷、抽风、角弓反张，少数患儿出现关节痛。起病数小时后皮肤和黏膜可见大片瘀血点、瘀血斑，瘀血严重者可造成局部皮肤坏死。

我国以前使用的流脑疫苗为A群脑膜炎球菌多糖疫苗和A＋C群脑膜炎球菌多糖疫苗。2019年开始全部使用A＋C群脑膜炎球菌多糖疫苗，以增强保护效果和保护面。

免疫程序：出生6个月接种第一剂A群脑膜炎球菌多糖疫苗，间隔3个月接种第二剂，3岁和6岁再各接种A＋C群脑膜炎球菌多糖疫苗1剂。

接种部位：上臂外侧三角肌附着处皮下注射。

A群脑膜炎球菌多糖疫苗禁忌证：已知对该疫苗所含任何成分，包括辅料及抗生素过敏者；患有急性疾病、严重慢性疾病和慢性疾病的急性发作期或发热者；患有脑病、未控制的癫痫或其他进行性神经系统疾病者。

A＋C群脑膜炎球菌多糖疫苗禁忌证：对疫苗中任何成分过敏者；以前接种过本疫苗出现过重度不良反应者；患有脑病、肾脏病、心脏病和活动性肺结核者；有癫痫、惊厥和过敏史者。高热或急性感染期者应推迟接种。

流脑疫苗不良反应有如下几点（根据《中华人民共和国药典（2015年版）》）。

常见不良反应：

● 接种后24小时内，在注射部位可出现疼痛和触痛，注射局部有红肿、浸润等轻、中度反应，多数情况2～3天自行消失；

● 接种疫苗后可出现一过性发热反应，其中大多数为轻度发热反应，持续1～2天后可自行缓解，一般不需处理，对于中度发热反应或发热时间超过48小时者，可对症处理。

罕见不良反应：

● 严重发热反应，应给予对症处理，以防热性惊厥；

● 注射局部重度红肿或出现其他并发症，应给予对症处理。

极罕见不良反应：

● 过敏性皮炎，接种疫苗后72小时内可出现皮疹，应及时就诊，给予抗过敏治疗；

● 过敏性休克，一般在注射疫苗后1小时内发生，应及时抢救，注射肾上腺素进行治疗；

● 过敏性紫癜，出现时应及时就诊，应用皮质固醇类药物给予抗过敏治疗，治疗不当或不及时有可能并发紫癜性肾炎；

● 血管神经性水肿、变态反应性神经炎。

疫苗储存：A群脑膜炎球菌多糖疫苗和A＋C群脑膜炎球菌多糖疫苗需要在2℃～8℃避光条件下运输和保存。

《国家免疫规划疫苗儿童免疫程序及说明（2016年版）》中指出了补种原则。

扩免后出生的≤14岁适龄儿童，未接种流脑疫苗或未完成规定剂次的，根据补种时的年龄选择流脑疫苗的种类：

1. ＜24月龄儿童补齐A群脑膜炎球菌多糖疫苗剂次；

2. ≥24月龄儿童补齐A＋C群脑膜炎球菌多糖疫苗剂次，不再补种A群脑膜炎球菌多糖疫苗；

3. 补种剂次间隔参照本疫苗其他事项要求执行。

流脑疫苗可以不打吗

Q 我的孩子6个月了，医生通知下周注射流脑疫苗，过3个月还要接种1针。这是计划免疫内的针吗？可以不打吗？如果已经患过流脑的孩子还需要接种流脑疫苗吗？

A 流脑疫苗可以预防流行性脑脊髓膜炎（简称流脑）。流脑始发于冬末春初，带菌者、患者是本病的传染源，主要通过飞沫进行传染，潜伏期2～3天，最长7天，最短1天。本病主要是儿童传染，大多数患儿小于5岁，6～12月龄是发病的高峰，易暴发流行。流脑有的症型，如暴发型中可见的休克型、脑膜脑炎型和同时具有休克型和脑膜脑炎型的混合型，发病急剧，进展迅速，病势险恶，死亡率高。随着城乡人口流动，发病率有逐渐增多的趋势。这是国家计划免疫内的疫苗，必须接种。家长应该遵照保健医生的安排，按时给孩子接种。

即使已经患过流脑的孩子，没有确定是由哪一种致病菌群感染而得的流脑时，也应该接种流脑疫苗。这是因为引起流脑的致病菌有多种菌群，如果仅接种A群脑膜炎球菌多糖疫苗，便不能预防其他致病菌群的侵袭。世界各国人群流动性很大，会出现流行菌群的变迁现象，所以当不能断定患过流脑的孩子是哪种菌群引起的，就应该接种流脑疫苗。即使接种相同菌群的流脑疫苗，也不会对孩子身体造成伤害。

为什么两次接种的流脑疫苗不一样

Q 我的宝宝在满6个月、9个月各接种了1剂流脑疫苗，现在3岁了又要接种1针。据保健医生说，这次流脑疫苗与上两次接种的不一样，同时提醒我，在接种后1个月内需要注意个人防护。这是为什么？

A 我国规定，孩子满6个月时接种A群流脑疫苗的第一剂，满9个月时再接种1剂。脑膜炎双球菌有A、B、C、D、X、Y、Z、E、H、I、K、L、W这13个菌群，其中以A、B、C群最为多见。我国的流行菌群主要是A群，一般基础免疫都是接种A群流脑疫苗。但我国个别地方暴发了C群流行性脑膜炎，由于A群流脑疫苗对于C群脑膜炎双球菌不具有抵抗力，所以后2剂需要接种A＋C群混合型流脑疫苗进行加强。不过，2019年儿童疫苗接种方案将流脑疫苗接种的第一剂定为A＋C群混合型流脑疫苗。孩子不管是接种了A群流脑疫苗还是A＋C群混合型流脑疫苗，大约都需要1个月的时间人体才能产生足量的抗体来抵抗脑膜炎双球菌的侵袭。在此之间，如果孩子接触了A群或C群脑膜炎双球菌，仍可患病，所以家长应在注射后1个月内注意孩子的个人防护。

目前国内还有A＋C＋Y＋W135群脑膜炎球菌多糖疫苗（属于计划外的自费疫苗）。虽然我国流行性脑膜炎主要以A群为主，近几年还出现了C群脑膜炎流行，但有的地区检测出了Y群和W135群脑膜炎双球菌，因此在经济条件允许下，家长也可以为孩子选择接种A＋C＋Y＋W135群脑膜炎球菌多糖疫苗。

接种流脑疫苗需要事先做先锋霉素试验吗

Q 之前带宝宝去打A群流脑疫苗，被告知要先做先锋皮试，防疫站说打不了流脑疫苗。我问了身边很多宝妈都说去打疫苗没有被要求做先锋皮试，都是直接就打。请问接种流脑疫苗需要事先做先锋霉素试验吗？

A 接种疫苗前无须测试对任何食品或药品是否过敏。疫苗在制作过程中如果需要使用抗生素的话（部分疫苗有抗生素），每剂里含量不超过50ng，而且部分疫苗使用的抗生素只有新霉素、硫酸庆大霉素和硫酸卡那霉素。皮试中的抗生素用量高于疫苗里的含量，更何况所有的流脑疫苗的说明书也没有要求接种流脑疫苗之前必须做先锋霉素皮试，所以接种流脑疫苗不需要先做先锋霉素皮试。

乙脑疫苗（一类疫苗）

乙脑疫苗相关知识

乙脑疫苗可以预防流行性乙型脑炎。乙型脑炎是由乙型脑炎病毒引起，经过蚊子传播的一种中枢神经系统的急性传染病。病毒主要侵犯大脑。儿童是本病的易感者。流行性乙型脑炎主要在夏秋季流行，约90%的病例集中在7月、8月、9月，南方提前一个月。我国大部分地区均是乙脑流行区。本病潜伏期为6～16天，发病时主要表现为发热、头痛、呕吐、食欲减退，小婴儿易激惹、呆滞、嗜睡。

患儿常出现抽搐、颅脑神经瘫痪、共济失调、肢体瘫痪或强直，严重者昏迷甚至死亡。本病死亡率达10%～20%，约有30%的患儿留有后遗症，如痴呆、失语、肢体瘫痪或强直、癫痫、精神失常、智力减退等。

乙脑疫苗有乙型脑炎减毒活疫苗和乙脑灭活疫苗，目前我国8个月的孩子接种的都是乙型脑炎减毒活疫苗。

接种程序：乙型脑炎减毒活疫苗共接种2剂次，8月龄、2周岁各接种1剂。

接种部位：上臂外侧三角肌下缘附着处皮下注射。

乙型脑炎减毒活疫苗禁忌证：已知对疫苗所含的任何成分，包括辅料以及抗生素过敏者；患急性疾病、严重慢性疾病、慢性疾病的急性发作期和发热者；患脑病、未控制的癫痫和其他神经系统疾病者。

乙脑疫苗不良反应有如下几点（根据《中华人民共和国药典（2015年版）》）。

常见不良反应：

●接种后24小时内，在注射部位可出现疼痛和触痛，注射局部有红肿、浸润等轻、中度反应，多数情况2～3天自行消失；

●接种疫苗后可出现一过性发热反应，其中大多数为轻度发热反应，持续1～2天后可自行缓解，一般不需处理。对于中度发热反应或发热时间超过48小时者，可对症处理。

罕见不良反应：

●严重发热反应，应给予对症处理，以防热性惊厥；

●注射局部重度红肿或出现其他并发症，应给予对症处理。

极罕见不良反应：

●过敏性皮炎，接种疫苗后72小时内可出现皮疹，应及时就诊，给予抗过敏治疗；

●过敏性休克，一般在注射疫苗后1小时内发生，应及时抢救，注射肾上腺素进行治疗；

●过敏性紫癜，出现时应及时就诊，应用皮质固醇类药物给予抗过敏治疗，治疗不当或不及时有可能并发紫癜性肾炎；

●血管神经性水肿、变态反应性神经炎。

接种乙脑灭活疫苗注意事项：

●接种疫苗之前，应如实向预防接种医生告知儿童身体健康状况，若有感冒、发热等症状，待恢复健康后进行补种；

●接种疫苗后，须在预防接种单位留观至少30分钟，若儿童出现轻度发热等一般反应，通常不需任何处理，若高热不退或伴有其他并发症者，应及时到医院就诊。

（以上部分内容摘自"中国疫苗和免疫网"）

《国家免疫规划疫苗儿童免疫程序及说明（2016年版）》中指出了补种原则：

扩免后出生的≤14岁适龄儿童，未接种乙脑疫苗者，如果使用乙脑灭活疫苗进行补种，应补齐4剂，第一剂与第二剂接种间隔为7～10天，第二剂与第三剂接种间隔为1～12个月，第三剂与第四剂接种间隔≥3年。

提请注意：青海、新疆和西藏地区无免疫史的居民迁居其他省份或在乙脑流行季节前往其他省份旅行时，建议接种1剂乙型脑炎减毒活疫苗。

这样接种乙脑疫苗合适吗

Q 我儿子2岁半，患有过敏性鼻炎合并感染，医生开的头孢霉素，已吃了3天。幼儿园要给孩子接种乙脑疫苗。我孩子接种疫苗合适吗？目前孩子除了鼻炎倒是没有什么不适，我还接着给消炎药吗？

A 疫苗对人体是一个外来的异物刺激，虽然在我国经多年的使用证明，大多数接种对象基础免疫后没有反应，仅个别人在注射后24小时内局部出现疼痛或红肿，1～2天内消退，偶有发热，一般在38℃以下，但也有极少数人有头痛、头晕、恶心，个别人出现过敏性休克等不良反应，因此规定要严格掌握禁忌证。乙脑疫苗对患有急性疾病、严重慢性疾病和慢性疾病的急性发作期或发热者应该暂缓接种，待疾病痊愈后补种即可。如果孩子目前正在患病，而且是过敏体质，暂缓接种为宜。幼儿园应该提前与家长沟通，确定无误后才能接种。如果孩子在患病情况下已经接种乙脑疫苗，家长需要密切观察孩子的反应，有不良反应及时去医院就诊。另外，孩子的原有疾病还需要继续治疗，家长可以继续给孩子吃抗生素。

麻腮风联合减毒活疫苗（一类疫苗）

麻腮风联合减毒活疫苗相关知识

麻腮风联合减毒活疫苗是预防麻疹、流行性腮腺炎和风疹的疫苗。麻疹和风疹的传染病学知识前面已经讲过了。流行性腮腺炎是由流行性腮腺炎病毒感染引发的急性呼吸道传染病，潜伏期为2～3周，主要临床表现为一侧或者双侧耳垂为中心肿大，并向四周扩散，边缘不清，触之有弹性感和触痛，并伴有发热、食欲不振、头痛、呕吐。流行性腮腺炎本身并不是重症，但是并发症较多，病情严重。这种病毒与腺体和神经组织有亲和力，可以合并无菌性脑膜炎或脑炎、睾丸炎、附睾炎或卵巢炎、胰腺炎、心肌炎、肾炎以及听力减退。有的并发症病情较重，预后也较差，因此需要引起家长的注意。本病是患者或隐性感染者通过唾液飞沫传播，一年四季都有，冬春是流行高峰，多见于年长儿，2岁以下的孩子发病较少见。我国目前接种麻腮风联合减毒活疫苗，减少孩子多次接种的痛苦，而且保护率提高到96%，其中对于腮腺炎自然感染保护效果可达97%。2020年6月我国规定使用麻腮风疫苗2剂，取代麻疹疫苗和麻风疫苗。

免疫程序：出生后8个月和18个月各接种1剂。

接种部位：上臂外侧三角肌下缘附着处皮下注射。

禁忌证：已知对该疫苗所含任何成分过敏者；曾患过敏性喉头水肿、过敏性休克、阿瑟氏反应、过敏性紫癜、血小板减少症等严重过敏性疾病者；正患急性疾病、严重慢性疾病，或处于慢性疾病的急性发作期者；有免疫缺陷、免疫功能低下或正在接受免疫抑制治疗者；曾患或正患多发性神经炎、格林-巴利综合征、急性播散性脑脊髓炎、脑病、癫痫等严重神经系统疾病，或其他进行性神经系统疾病者。

需要注意的是，注射过免疫球蛋白者应间隔3个月以上再接种本疫苗。接种麻腮风联合减毒活疫苗后2周内避免使用免疫球蛋白。

麻腮风联合减毒活疫苗不良反应主要有如下几点（根据《中华人民共和国药典（2015年版）》）。

常见不良反应：

● 一般接种疫苗后24小时内，注射部位可出现疼痛和触痛，多数情况下于2～3

天自行消失；

- 一般接种疫苗后1～2周，可能出现一过性发热反应，其中轻度发热反应一般持续1～2天可自行缓解，不需处理，必要时适当休息，多喝白开水，注意保暖，防止继发感染，对于中度发热反应或发热时间超过48小时者，可采用物理方法或药物对症处理；

- 一般接种疫苗后1～2天，可能出现散在皮疹，出疹时间一般不超过2天，通常不需特殊处理，必要时可对症治疗；

- 可有轻度腮腺和唾液腺肿大，一般在1周内自行好转，必要时可对症处理。

罕见不良反应：

- 重度发热反应，应采用物理方法及药物对症处理，以防热性惊厥。

极罕见不良反应：

- 过敏性皮炎，一般接种疫苗后72小时内出现荨麻疹，应及时就诊，给予抗过敏治疗；

- 过敏性休克，一般接种疫苗后1小时内发生，应及时注射肾上腺素进行治疗；

- 过敏性紫癜，出现时应及时就诊，应用皮质固醇类药物给予抗过敏治疗，治疗不当或不及时有可能并发紫癜性肾炎；

- 血小板减少症；

- 成年人接种本疫苗后发生关节炎、大关节疼痛、肿胀。

孩子患过腮腺炎还需要接种麻腮风疫苗吗

Q 我的孩子在1岁时患过流行性腮腺炎，现在18个月还需要接种麻腮风疫苗吗？

A 麻腮风疫苗是一种用于预防麻疹、风疹和腮腺炎的联合疫苗。这三种病都是因病毒感染引起的呼吸道传染病，可以通过空气传播，传染性很强，儿童容易被传染。但是，如果孩子已经患过流行性腮腺炎，其体内已经获得相应的抗体，因此不需要再接种腮腺炎疫苗，建议给你的孩子选择麻风疫苗接种。

值得注意的是，《国家免疫规划疫苗儿童免疫程序及说明（2016年版）》指出，麻腮风疫苗可与其他国家免疫规划疫苗同时、不同部位接种，特别是免疫月龄有交叉的甲肝疫苗、百白破疫苗等。如需接种多种疫苗但无法同时完成接种时，则优先接种麻腮风疫苗，若未能与其他注射类减毒活疫苗同时接种，则需间隔≥28天。

麻腮联合减毒活疫苗（一类疫苗）

麻腮联合减毒活疫苗相关知识

麻腮联合减毒活疫苗是预防麻疹、流行性腮腺炎的联合疫苗。麻疹和流行性腮腺炎的传染病学知识前文已经介绍过了。部分省份以本疫苗替代麻疹疫苗。

接种对象：8个月以上麻疹和流行性腮腺炎易感儿童。

接种程序：8个月或18个月的孩子用于替代麻疹疫苗，共接种1剂。

接种部位：上臂外侧三角肌下缘附着处皮下注射。

禁忌证：已知对该疫苗所含任何成分过敏者；曾患过敏性喉头水肿、过敏性休克、阿瑟氏反应、过敏性紫癜、血小板减少症等严重过敏性疾病者；正患急性疾病、严重慢性疾病，或处于慢性疾病的急性发作期者；有免疫缺陷、免疫功能低下或正在接受免疫抑制治疗者；曾患或正患多发性神经炎、格林-巴利综合征、急性播散性脑脊髓炎、脑病、癫痫等严重神经系统疾病，或其他进行性神经系统疾病者。

以下情况暂时不能接种含麻疹成分的疫苗，可在以后条件适宜时予以补种：3个月内接种过免疫球蛋白；近期注射过麻疹疫苗或其他减毒活疫苗，需间隔1个月后补种；有感冒、发热等症状，待恢复健康后进行补种；妊娠期妇女。

本疫苗安全性高，个别人在接种后可出现注射局部疼痛、红肿、硬结或中低度发热和皮疹，一般不需要特殊处理可自行缓解。接种后出现过敏性休克、过敏性紫癜或血小板减少症等严重不良反应极其罕见，如有应及时送医院进行对症治疗，并与接种单位联系。

患过风疹的孩子还需要接种麻腮风疫苗吗

Q 我的孩子1岁半了，曾经在1岁时患过风疹，请问他是接种麻腮风疫苗，还是接种麻腮疫苗？

A 孩子患过风疹，虽然风疹传染性很强，但是其体内已经有了相应的抗体，可获得终身免疫。所以，患过风疹的孩子可以不用接种麻腮风疫苗，应该选择麻腮疫苗接种。

流感疫苗（目前大多数地区属于二类疫苗，个别地区针对特殊人群属于一类疫苗）

流感疫苗相关知识

流感疫苗是预防流行性感冒的疫苗。流行性感冒是由流感病毒感染引起的急性呼吸道传染病。流感病毒分甲、乙、丙三种血清型，甲型可因其抗原结构发生较剧烈的变异而导致大流行，一般每隔10～15年出现一次。乙型流行规模较小且局限。丙型一般成散发流行，病情较轻。这三型可以引起喉炎、气管炎、支气管炎、毛细支气管炎和肺炎，人群普遍易感，主要临床表现有发热、头痛、全身无力，多伴有呼吸系统的症状，如流鼻涕、干咳、咽痛，同时可以并发心肌炎和心包炎。我国

是流感多发地区，尤其近几年局部地区甲型流感发生暴发流行，2017年末我国还暴发了乙型流感，这些都引起人们对预防流感的重视。而接种流感疫苗是有效预防和控制流感的主要措施之一。我国批准上市的流感疫苗均为灭活疫苗，包括裂解疫苗和亚单位疫苗。接种流感疫苗的最佳时机是在每年的流感季节开始前。《中国流感疫苗预防接种技术指南（2018–2019）》表示，通常接种流感疫苗2～4周后，可产生具有保护水平的抗体，6～8月后抗体滴度开始衰减。我国各地每年流感活动高峰

出现的时间和持续时间不同，为保证受种者在流感高发季节前获得免疫保护，建议各地在疫苗可及后尽快安排接种工作，最好在10月底前完成免疫接种；对10月底前未接种的对象，整个流行季节都可以提供免疫服务。同一流感流行季节，已按照接种程序完成全程接种的人员，无须重复接种。

孕妇在孕期的任一阶段均可接种流感疫苗，建议只要本年度的流感疫苗开始供应，就应尽早接种。

目前，我国批准上市的流感疫苗包括3价灭活疫苗和4价灭活疫苗，有国产的、法国巴斯德产的和葛兰素史克公司产的（在国内生产）。其中，3价疫苗有裂解疫苗和亚单位疫苗，可用于≥6月龄人群接种，包括0.25mL和0.5mL两种剂型。0.25mL剂型含每种组分血凝素7.5g，适用于6～35月龄婴幼儿；0.5mL剂型含每种组分血凝素15g，适用于≥36月龄以上的人群。目前批准的4价灭活疫苗为裂解疫苗，适用于≥36月龄以上的人群，为0.5mL剂型，含每种组分血凝素15g。

接种对象：6月龄～8岁儿童。

接种程序：首次接种流感疫苗的6月龄～8岁儿童应接种2剂次，间隔≥4周；2017～2018年度或以前接种过1剂或以上流感疫苗的儿童，则建议接种1剂，次年再接种1剂。6月龄～3岁儿童每次接种0.25mL，大于3岁儿童每次接种0.5mL。

接种部位：大于1岁儿童首选上臂三角肌接种疫苗，6月龄至1岁婴幼儿的接种部位以大腿前外侧为最佳。因为血小板减少症或其他出血性疾病患者在肌肉注射时可能发生出血危险，应采用皮下注射。

禁忌证：对疫苗中所含任何成分（包括辅料、甲醛、裂解剂及抗生素）过敏者；患伴或不伴发热症状的轻中度急性疾病者，建议症状消退后再接种；上次接种流感疫苗后6周内出现格林-巴利综合征，不是禁忌证，但应特别注意。

免疫抑制剂（如皮质炎激素、细胞毒性药物或放射治疗）的使用可能影响接种后的免疫效果。为避免可能的药物间相互作用，任何正在进行治疗的患者均应在注射前咨询医生。

不良反应：主要表现为局部反应（接种部位红晕、肿胀、硬结、疼痛、烧灼感等）和全身反应（发热、头痛、头晕、嗜睡、乏力、肌痛、周身不适、恶心、呕吐、腹痛、腹泻等），通常是轻微的，并在几天内自行消失，极少出现重度反应。

疫苗储存：在2℃～8℃避光条件下储存和运输。

《中华人民共和国药典（2015版）》未将对鸡蛋过敏者作为禁忌。药典规定流感疫苗中卵清蛋白含量应不高于500ng/mL。随着生产工艺的提高，疫苗中的卵清蛋白含量已大大低于国家标准，以往对我国常用的流感疫苗中的卵清蛋白含量测量显示含量最高不超过140ng/mL。国外学者对于鸡蛋过敏者接种流感灭活疫苗或流感减毒活疫苗的研究表明不会发生严重过敏反应。美国免疫实施咨询委员会自2016年以来开始建议对鸡蛋过敏者亦可接种流感疫苗。

为什么有的流感疫苗不能给孩子接种

> **Q** 我的孩子已经7个月了，去医院防保科接种流感疫苗，医院不给孩子接种，说等一周后来疫苗了再接种。可我明明看见医生正在给小学生接种流感疫苗，为什么不能给我的孩子接种呢？难道还有不同的流感疫苗？

A 流感疫苗在多数地区属二类疫苗，但在一些地区针对特殊人群属一类疫苗。由于每年疫苗所含毒株成分因流行优势株不同而有所变化，所以每年都需要接种当年度的流感疫苗。在流感流行高峰前1～2个月接种流感疫苗能更有效发挥其保护作用，推荐接种时间为9～11月。目前流感疫苗分为老人型，适用于60岁以上的老人；儿童型，适用于6～35月龄的婴幼儿接种；成年人型，适用于3岁以上的儿童和成年人接种。

6个月以上的孩子由于免疫功能不健全，对外界流感病毒的抵抗力弱，因此不少家长给6个月以上的孩子接种流感疫苗，提高孩子对流感病毒的抵抗力。由于孩子从出生到3岁要完成我国规定的各种疫苗接种，并且全程免疫后，根据疫苗、菌苗的免疫持久性，还要适时地安排加强免疫，以巩固免疫的效果。婴幼儿的免疫特点需要确保疫苗的纯度和剂量的准确，增加疫苗的安全性。如果低于要求的剂量，就不能引起机体产生足够的免疫反应，达不到免疫效果；如果剂量过大，可以引起异常的接种反应，对孩子是不安全的。因此，国际上对婴幼儿的流感疫苗接种需要用专门的儿童型流感疫苗，而且婴幼儿流感疫苗的生产工艺和质量控制要求得非常严格，以确保婴儿接种的安全性和有效性。

孩子已经接种流感疫苗，为什么还爱感冒呢

> **Q** 我的女儿现在2周岁多，在8个月的时候她打了流感预防针，打针当晚就发高热39.5℃，当地医生说这是正常的反应。孩子在6个月以前没生过病，自从那次打过流感预防针后就经常发热、流鼻涕、咳嗽。我的孩子已经接种流感疫苗，为什么还容易感冒呢?

A 流行性感冒和一般的感冒不是同一种病。流行性感冒是由流感病毒感染，有明显的流行病史，其特点是发病急，全身的中毒症状明显，有高热、畏寒、全身酸痛、头痛、乏力等，呼吸道症状可以表现不明显。此病可以迅速蔓延，还有可能并发肺炎、支气管炎、心肌炎、心包炎，是一种严重危害公共健康的疾病。

感冒又叫急性鼻咽炎，与急性咽炎、急性扁桃体炎统称上呼吸道感染。感冒主要以病毒感染为主，大约占原发上呼吸道感染病因的90%，细菌少见。但由于病毒感染造成上呼吸道黏膜受损，细菌容易乘虚而入，有可能合并细菌感染。

给孩子接种流感疫苗是为了预防流行性感冒，对于一般上呼吸道感染是不起保护作用的。孩子在出生后6个月内由于从母体中带来一些抗感染的物质，而且与外界接触得少，所以孩子很少感冒。6个月以后从母体中获得的抗感染物质已经基本上消耗完，而自身免疫机制发育还不健全，再加上随着活动范围的增加，孩子与外界接触逐渐增多，尤其在幼儿园的集体生活中，容易发生交叉感染，引起感冒。

世界卫生组织和我国卫生行政部门共同认定，当年3月份公布的流感病毒类型决定药厂生产的疫苗类型。由此可见，这种疫苗不可能预防当年选定的疫苗所含流感病毒类型以外的病毒株引起的流感。

另外，接种任何一种疫苗或菌苗都不可能对人的机体产生100%的保护作用，更何况接种疫苗也要等2～4周才能产生抗体，达到预防的效果。所以，接种流感疫苗后仍需要注意预防和保护，而且每年都要重新接种流感疫苗。

每年流行的流感病毒类型都不同，接种疫苗管用吗

"

Q 我的宝宝已经8个月了，自从部分地区暴发甲流后大家都非常重视流感疫苗的注射，我也想给孩子注射。可每年流行的流感病毒都不是同一种类型，当年接种的疫苗管用吗？

"

A 因为冬春季是流感高发的季节，凡是年龄在6个月以上无禁忌证的人都可以接种流感疫苗。

我国目前批准上市的流感疫苗有3价灭活疫苗和4价灭活疫苗，其中3价疫苗有裂解疫苗和亚单位疫苗。推荐的接种时间是每年9～11月份，但是由于我国地域辽阔，也可以根据当地的疫情流行规律具体制定。

虽然注射流感疫苗可以有效预防流感，但前提是疫苗与流行的病毒株类型吻合。流感病毒是一种变异力极强的病原体，每一年的流行类型都会有所不同，疫苗只能提供一年的免疫力。1988年起，世界卫生组织设在100多个国家的监测网每年分析监测流感病毒类型及走势，论证和推测流感毒株的主导株。为匹配不断变异的流感病毒，在病毒学家、免疫学家、流行病学家、疫苗制备专家共同参与下，经由世界卫生组织和我国卫生行政部门共同认定当年3月份公布的流感病毒类型为匹配不断变异的流感病毒，世界卫生组织在多数季节推荐的流感疫苗组分会更新一个或多个毒株，并以此决定每年药厂生产的疫苗类型。疫苗毒株与前一季节完全相同的情况也存在。为保证接种人群得到最大程度的保护，即使流感疫苗组分与前一季节完全相同，鉴于多数接种者抗体滴度已显著下降，因此不管前一季节是否接种流感疫苗，仍建议在当年流感季节来临前接种。

6个月内的孩子如何预防流感

"

Q 6个月内的孩子是不能接种流感疫苗的，但孩子不是生活在真空里，他在接触外界时也有可能被传染上，那么家长应该如何做好孩子预防流感的工作呢？

A 6个月内的孩子更需要预防流感，因为他们不能接种流感疫苗，而恰恰又是抵抗力最弱、最容易被传染的高危人群，病情最容易转为肺炎，并且一些治疗流感的药物对这些孩子不能用、慎用或者耐药，治疗的难度大，很容易出现生命危险。美国疾病预防控制中心、美国儿科学会、我国疾病预防控制中心都提出了"家庭流感防控圈"这个概念，建议家有5岁或以下孩子的家庭成员包括护理人员应该接种流感疫苗。因为这些人有可能从外面带来流感病毒传染给孩子，尤其是6个月内的小婴儿。家人接种流感疫苗后，在家庭形成了一个对孩子的保护屏障，即"家庭流感防控圈"，不但有力地保护了孩子不受传染，同时也保护了自己。

肺炎疫苗（二类疫苗）

肺炎疫苗相关知识

肺炎球菌疫苗主要预防因肺炎链球菌感染引起的一系列疾病。其中，肺炎是我国5岁以下儿童的重要死因，位列我国5岁以下儿童死因的第二位。在各种肺炎之中，肺炎链球菌是小儿肺炎的主要"元凶"。国际链球菌专家委员会委员、亚洲儿科感染疾病学会委员杨永弘教授特别强调指出，重症肺炎中，约有50%是由肺炎链球菌引起，并且肺炎链球菌疾病已经成为全球重要的公共卫生问题之一。由于其高发病率、高致残率、高死亡率，世界卫生组织已将肺炎链球菌性疾病列为需要"极高度优先"使用疫苗预防的疾病。

肺炎链球菌广泛分布于自然界，可以通过咳嗽、打喷嚏、说话等从口部或鼻部排出的飞沫传染，并长时间潜伏在人体鼻咽部，人群携带率为27%～85%。肺炎链球菌也可以通过带菌者的污染物（如痰、鼻涕、唾液等）传播。它的传播场所十分广泛，不仅是人群密集的公共场所如车站，而且幼儿园、托儿所等儿童聚集地也可能成为传染场所。儿童的鼻咽部携带率高于成年人。在流感流行的季节里，肺炎链球菌和流感病毒具有协同作用。一方面，肺炎链球菌可以增强病毒的致病力；另一方面，流感病毒能损伤呼吸道上皮层，使肺炎链球菌更加容易定植。同时，流感病毒导致的其他病理变化也有利于肺炎链球菌致病。这正是流感患者常常合并肺炎链球菌感染的原因所在。

抗生素耐药问题是目前儿童肺炎链球菌疾病治疗所面临的一个全球性的、急剧发展的难题。我国肺炎链球菌抗生素耐药形势严峻，并呈现逐年上升的趋势。由于肺炎链球菌血清分型近90种，分布最广、最经常引起疾病的有20余种，其中引起疾病最多的一些血清型对某些抗生素耐药性已达到80%以上，甚至100%，导致治疗难度很大。耐药致病菌导致的感染往往是致命的，而且其治疗周期延长、治疗费用增加等，也给患者及家庭带来了沉重负担。肺炎链球菌引起的致病率和致死率呈年龄的两极化，主要为2岁以内婴幼儿、高危的2岁以上人群和老年人。因此，接种肺炎疫苗是预防肺炎链球菌感染和降低肺炎链球菌耐药率的有效手段之一。

目前我国使用的肺炎疫苗有两种，即13价肺炎球菌结合疫苗和23价肺炎球菌多糖疫苗。13价肺炎球菌疫苗预防由13种肺炎球菌血清型（1，3，4，5，6A，6B，7F，9V，14，18C，19A，19F和23F）导致的相关侵袭性疾病。辉瑞的13价肺炎球菌结合疫苗已经在120多个国家普遍使用。

| 13价肺炎球菌结合疫苗 |

13价肺炎球菌结合疫苗用于婴幼儿主动免疫，以预防肺炎球菌血清型引起的侵袭性疾病，其中包括菌血症性肺炎、脑膜炎、败血症和菌血症。本品只对该疫苗所含肺炎球菌血清型具有预防保护作用，不能预防本品以外血清型和其他微生物导致的侵袭性疾病、肺炎或中耳炎。

接种对象：6周龄～15月龄婴幼儿。

我国暂时批准的接种程序：每剂量为0.5mL；2、4、6月龄各接种1剂进行基础免疫，12～15月龄加强免疫1剂；基础免疫最早可以在6周龄接种，之后各剂间隔4～8周。

接种部位：首选部位，婴儿为大腿前外侧（股外侧肌），幼儿为上臂三角肌。注意，避免在神经和血管中或其附近部位注射本品。

禁忌证：对本品中任何活性成分、辅料或白喉类毒素过敏者禁用。

注意事项：

·本品严禁静脉内注射，也不能在臀部注射本品；

·同其他疫苗一样，患急性、严重发热疾病者应暂缓接种本品；

·和其他所有注射用疫苗一样，接种本品时，应备有相应的医疗及抢救措施，以防接种后出现罕见的超敏反应；

·与其他肌肉注射一样，血小板减少症、任何凝血障碍或接受抗凝血剂者接种本品时应非常谨慎；

·与其他疫苗一样，不能保证本品接

种者不会罹患肺炎球菌性疾病；

• 尚无免疫功能受损者（如恶性肿瘤、肾病综合征患者）接种本品的安全性和免疫原性数据，因此应根据患者个体情况进行接种；

• 有限的数据表明，13价肺炎球菌结合疫苗（3剂基础免疫）用于镰状细胞病患儿时能诱发适当的免疫应答，且其安全特性与非高危人群大体相同；

• 与所有注射用儿童疫苗一样，早产儿进行基础免疫时应该考虑有呼吸暂停的潜在危险，仍在住院的极早产儿（出生时≤30周）按推荐程序接种时，应考虑进行至少48小时的监测，考虑到早产儿接种疫苗的获益，不建议停止接种或推迟接种本品；

• 国内暂不推荐本品与其他计划免疫疫苗或常规儿童疫苗同时接种。

疫苗储存：置于冰柜（~8℃）内储存。本品不得冷冻，如已冷冻不能再用。

美国疾病预防控制中心对于婴幼儿接种13价肺炎球菌结合疫苗的建议

接种年龄	曾接种7价或13价剂数	建议补种13价剂数
2～6个月	从未接种	共4剂。先接种3剂，每剂间隔8周，12～15个月接种第四剂
	已接种1剂	共3剂。先接种2剂，每剂间隔8周，12～15个月接种第三剂
	已接种2剂	共2剂。先接种1剂，每剂间隔8周，12～15个月接种第二剂
7～11个月	从未接种	共3剂。先接种2剂，每剂间隔8周，12～15个月接种第三剂
	7个月大前已接种1剂	共3剂。先接种2剂，每剂间隔8周，12～15个月接种第三剂
	7个月大前已接种2剂	共2剂。1岁前接种第一剂，12～15个月接种第二剂，2剂间隔8周以上
12～23个月	从未接种	接种2剂，每剂间隔8周
	1岁前已接种1剂	接种2剂，每剂间隔8周
	1岁后已接种1剂	接种1剂，与上一剂间隔8周
	1岁前已接种2～3剂	接种1剂，与上一剂间隔8周
	已接种4剂7价	接种1剂，与上一剂间隔8周
2岁以上	从未接种或没有完成4剂	接种1剂，与上一剂间隔8周
	已接种4剂7价	接种1剂，与上一剂间隔8周

| 23价肺炎球菌多糖疫苗 |

接种对象：2岁以上高危人群，包括50岁以上的老年人。23价肺炎球菌多糖疫苗可以诱导特异性抗体产生，增强免疫功能，并可维持5～10年。另外，以下人员也可以注射：正常但患有慢性疾病，如心血管疾病、肺病、糖尿病、酒精中毒、肝硬化者；免疫功能低下者，如脾切除或脾功能不全、镰状细胞病、何杰金氏病、淋巴瘤、多发性骨髓瘤、慢性肾衰、肾病综合征和器官移植者；无症状和症状性艾滋病毒感染者；脑脊液漏患者；特殊人群，如在感染肺炎球菌或出现其并发症的高危环境中密集居住者或工作人员、长期住院的老年人、福利机构人员等。

接种程序：初次接种1剂量0.5mL，3～5年再次接种1剂量0.5mL。

接种部位：上臂外侧三角肌皮下或肌内注射。

禁忌证：对疫苗中任何成分过敏者；除接种对象项目中所列适用者外，均禁止接种本品；发热、急性感染、慢性病急性发作期最好推迟接种；除非特殊原因，本疫苗不推荐给3年内已接种者。已证实或怀疑有肺炎链球菌感染不是接种本疫苗的禁忌，应视其所处危险状态决定是否接种。本疫苗禁用于静脉和皮内注射，保证针头不进入血管。本疫苗不应给2岁以下儿童使用。

不良反应：可能在注射局部出现暂时性的疼痛、红肿、硬结和短暂的全身发热等轻微反应，一般均可自行缓解；罕见不良反应极少。患有其他稳定的自发性血小板减少症的病人接种疫苗后，偶尔会出现复发。有严重心脏和肺部疾病的患者使用本疫苗应极为慎重，严密监测全身不良反应的发生。

疫苗储存：置于2℃～8℃避光条件下储存和运输。

已经完成 3 剂 7 价肺炎疫苗基础免疫，可以用 13 价肺炎疫苗加强 1 剂吗

Q 我的孩子已经完成了7价肺炎球菌结合疫苗3剂基础免疫，可以用13价肺炎球菌疫苗加强1剂吗？

A 可以。无论孩子已接种1次或3次7价肺炎球菌结合疫苗，都可以转为接种13价肺炎球菌结合疫苗完成所有的接种程序，以增加对额外6种肺炎球菌血清型的防御能力。

两种肺炎球菌疫苗有什么区别

Q 我的孩子马上就2岁了，医生建议我给他接种肺炎球菌疫苗。可我看到有两种肺炎球菌疫苗，不知道接种哪种好？13价肺炎球菌疫苗与23价肺炎球菌疫苗有什么区别？

A 13价肺炎球菌疫苗适用2个月～2岁的婴幼儿以及没有接种过13价肺炎球菌疫苗的2～5岁的儿童。它可以诱导体内B细胞和T细胞产生足够量的特异性抗体，对2岁以下儿童可以诱导有效的抗体应答和免疫记忆，使幼儿再次接种时可产生增强抗体的反应。因此可以抗侵袭性感染，如肺炎球菌引起的肺炎、脑膜炎和败血症。

23价肺炎球菌疫苗适用于2岁以上的高危人群，多用于老年人，因为其含有23个血清型抗原，对于容易被多种血清型肺炎球菌感染的2岁以上高危人群更适用。其抗原成分为肺炎球菌荚膜多糖，可以诱导B细胞产生足够的特异性抗体，但对2岁以内的婴幼儿无法诱导有效的抗体应答，不会产生免疫记忆。而且，2岁以内的孩子禁用23价肺炎球菌疫苗。

综上所述，鉴于孩子马上就要2岁了，建议选择13价肺炎球菌疫苗接种。

孩子需要接种 23 价肺炎球菌疫苗吗

Q 我的孩子2岁了，因为反复呼吸道感染，并且得过两次肺炎，因此保健站医生建议他接种23价肺炎球菌疫苗。这是为什么？

A 小儿的呼吸道感染是幼儿时期孩子的常见病和多发病，其中不乏肺炎链球菌感染的疾病。反复呼吸道感染的孩子由于长期应用抗生素，可能会造成小儿耐药性增强，使一些肺炎链球菌感染的疾病难以治疗。而且，2岁以上儿童是肺炎球菌感染的高危人群，容易出现病情危急状况。针对这种情况，建议2岁以上、反复发生呼吸道感染的孩子接种23价肺炎球菌疫苗。这种疫苗在世界上已经有20年以上的应用历史，接种后3周左右可以产生抗体起到保护作用，至少5年内都可受到该疫苗的持续保护。本疫苗使90%的肺炎链球菌疾病免于发生。它可以在全年任何时间接种，尤其可以和流感疫苗同时接种，可以产生叠加的保护作用，大大减少肺炎和流感发生率，即使患病也会减轻病情或危重症的发生。

23价肺炎球菌疫苗含有肺炎链球菌23种荚膜型，覆盖90%肺炎链球菌常见类型，可以预防由于肺炎链球菌所致的肺炎、脑膜炎、中耳炎等疾病，适合2岁以上体质比较差的孩子接种。

接种了肺炎疫苗孩子就不患肺炎了吗

Q 我的孩子体质比较差，我想给他接种肺炎疫苗。请问接种了肺炎疫苗孩子就不患肺炎了吗?

A 引起肺炎的病原体有很多，如细菌、病毒、支原体、衣原体等，其中感染肺炎的细菌包含众多种类。13价肺炎球菌疫苗和23价肺炎球菌疫苗只是针对肺炎链球菌感染引起的肺炎，而肺炎链球菌有90多种具有临床意义的血清型，其中致病血清型（全球70%或以上的儿童发生感染）有6～11种，还有一些血清型对抗菌药物耐药性很高。23价肺炎球菌疫苗含有其中常见的23个血清型，13价肺炎球菌疫苗含有其中13种最常见的血清型。孩子无论接种哪一种肺炎疫苗，只能预防接种肺炎疫苗所含的血清型肺炎链球菌引起的肺炎，对于其他细菌、病毒、支原体和衣原体所感染的肺炎，这两种肺炎疫苗就不起作用了。

接种了13价肺炎球菌疫苗还需要再接种23价肺炎球菌疫苗吗

Q 我的孩子已经完成了13价肺炎球菌疫苗全程免疫，现在孩子已经2岁了，还需要再接种23价肺炎球菌疫苗吗?

A《中国预防医学杂志》2014年48卷第2期刊登的《2012年WHO关于肺炎链球菌疫苗立场文件的解读》指出，在部分高收入国家和中等收入国家，23价肺炎球菌疫苗被推荐用于以下人群：肺炎链球菌感染发病和死亡均高的人群。肺炎球菌结合疫苗基础免疫后，可使用23价肺炎球菌疫苗补充免疫应答。美国免疫实施咨询委员会的推荐意见进一步指出，年龄≥2岁免疫功能低下的儿童，为避免低免疫应答，应首先接种肺炎球菌结合疫苗，至少间隔2个月方可再接种1剂23价肺炎球菌疫苗。孩子如果体质比较差，我建议即使已经接种过13价肺炎球菌疫苗，也可以再接种1剂23价肺炎球菌疫苗。

甲肝疫苗（一类疫苗）

甲肝疫苗相关知识

甲肝疫苗可以预防由甲肝病毒感染，经消化道传播而引起的流行性甲型肝炎。甲型肝炎是一种导致黄疸、肝脏损害的急性传染病，儿童易感，发病率较高而且易于暴发流行。甲型肝炎患者和亚临床感染者是本病的传染源，主要经过粪—口传播，也能通过食物、手的接触或生活用品等传播。本病一年四季均可以发病，其中重症型肝炎病死率很高。目前使用的甲肝疫苗有甲肝减毒活疫苗和甲肝灭活疫苗。我国大部分地区使用的是甲肝灭活疫苗，个别地区使用的是甲肝减毒活疫苗。

| 甲肝灭活疫苗 |

接种程序：共接种2剂次，18月龄和24月龄各接种1剂，每剂0.5mL。

接种部位和接种途径：上臂外侧三角肌，肌肉注射。

《国家免疫规划疫苗儿童免疫程序及说明（2016年版）》中指出了补种原则，具体如下：

1. 扩免后出生的≤14岁适龄儿童，未接种甲肝疫苗者，如果使用甲肝灭活疫苗进行补种，应补齐2剂，接种间隔≥6个月；

2. 如已接种过1剂次甲肝灭活疫苗，但无条件接种第二剂甲肝灭活疫苗时，可接种1剂甲肝减毒活疫苗完成补种。

｜甲肝减毒活疫苗｜

接种程序：≥18个月儿童接种1剂次；每剂0.5mL或1mL，按照疫苗说明书使用。

接种部位：上臂外侧三角肌下缘，皮下注射。

禁忌证：已知对该疫苗所含任何成分，包括辅料以及抗生素过敏者；患急性疾病、严重慢性疾病、慢性疾病的急性发作期、发热者；免疫缺陷、免疫功能低下或正在接受免疫抑制剂治疗者；患未控制的癫痫和其他进行性神经系统疾病者。

甲型肝炎疫苗的不良反应有如下几点（根据《中华人民共和国药典（2015年版）》）。

常见不良反应：

● 一般接种疫苗后1～2周内，可能出现一过性发热反应，其中大多数为轻度发热反应，一般持续1～2天可自行缓解，不需处理，必要时适当休息，多喝白开水，注意保暖，防止继发感染，对于中度发热反应或发热时间超过48小时者，可采用物理方法降温或药物对症处理；

● 接种疫苗后，偶有皮疹出现，不需特殊处理，必要时可对症治疗。

罕见不良反应：

● 重度发热反应，应采用物理方法及药物对症处理，以防热性惊厥。

极罕见不良反应：

● 过敏性休克，一般接种疫苗后1小时内发生，应及时采取注射肾上腺素等抢救措施，进行治疗；

● 过敏性皮疹，一般接种疫苗后72小时内出现荨麻疹，出现反应时应及时就诊，给予抗过敏治疗；

● 过敏性紫癜，出现时应及时就诊，应用皮质固醇类药物给予抗过敏治疗，治疗不当或不及时有可能并发紫癜性肾炎。

疫苗储存：疫苗需要在2℃～8℃避光条件下保存和运输。

《国家免疫规划疫苗儿童免疫程序及说明（2016年版）》中指出了新种的注意事项：

1.甲肝减毒活疫苗不推荐加强免疫；

2.注射免疫球蛋白者应间隔≥3个月再接种甲肝减毒活疫苗。

补种原则：扩免后出生的≤14岁适龄儿童，未接种甲肝疫苗者，如果使用甲肝减毒活疫苗进行补种，补种1剂。

孩子需要接种甲肝疫苗吗

Q 由于我们工作的调动，女儿1岁半时没有接种甲肝疫苗。现在我们工作稳定了，孩子也已经上幼儿园。前天幼儿园通知我，要求给孩子注射甲肝疫苗。甲肝疫苗可靠吗？是不是需要接种？

A 甲型肝炎分为黄疸型和无黄疸型，是一种通过粪—口传播的消化道传染病。甲肝的流行高峰一般在春秋两季，有2~6周的潜伏期，具有传染性强和流行面广的特点。甲肝患者会出现高热、无力、厌油、腹泻和黄疸等症状，好发于15岁以下的儿童，尤其是学龄前儿童。由于孩子没有形成好的卫生习惯，所以托儿所、幼儿园以及学校发病率较高，且容易形成暴发流行。有相当一部分孩子感染后没有临床症状，往往容易被忽视，因此成为一个潜在的传染源，威胁着周围接触的人，造成甲肝的传播。制止甲型肝炎主要是做好预防工作，甲肝疫苗就是预防甲肝的一种有效手段。接种甲肝疫苗后8周左右便可产生很高的抗体，获得良好的免疫力，免疫效果高达98%~100%。

目前，市场上的甲肝疫苗主要有灭活疫苗和减毒活疫苗两大类。这两种疫苗都有良好的安全性和免疫效果。甲肝减毒活疫苗只需要接种一针。灭活疫苗需要接种2次，中间相隔半年。减毒活疫苗有水剂和冻干型两种，水剂保护期可达3~5年。不同厂家生产的冻干减毒活疫苗保护期不同，一般可持续10~20年。需要接种甲肝疫苗的人，可根据当地医院情况选择一种即可。

如果孩子已经上幼儿园，过的是集体生活，没有患过甲型肝炎，那么我建议只要没有甲肝疫苗接种的禁忌证，就应该选择接种甲肝疫苗。

甲肝减毒活疫苗和甲肝灭活疫苗有什么区别

Q 孩子18个月去医院接种甲肝疫苗，当时有甲肝减毒活疫苗和甲肝灭活疫苗，医生让我们选择，这两种疫苗有什么不同？

A 这两种疫苗采取的生产工艺不同，甲肝灭活疫苗是应用灭活甲肝病毒制成的，甲肝减毒活疫苗是将减毒的甲肝病毒经过培养制成的。甲肝灭活疫苗在安全性、有效性和长期保护方面比甲肝减毒活疫苗略高一筹，且具有更好的稳定性。但国产甲肝减毒活疫苗价格相对比较便宜，其免疫效果也可以达到95%以上，所以两者保护效果基本一样。两种疫苗接种程序也有所不同，甲肝减毒活疫苗需要接种1剂，甲肝灭活疫苗需要接种2剂。

各地使用何种疫苗由各个省自行决定。北京和上海儿童接种甲肝灭活疫苗免费是当地政府财政补贴的缘故。

水痘疫苗（二类疫苗）

水痘疫苗相关知识

水痘疫苗可以预防水痘—带状疱疹病毒引起的两种不同疾病，即水痘和带状疱疹。

水痘是一种传染性极强的疾病，对于易感染群感染率在90%以上，1～14岁的孩子发病多，其中5～9岁的孩子最为敏感。水痘主要通过飞沫经呼吸道传播，也可以通过接触患者疱浆、衣被和玩具传播，以斑疹、丘疹、疱疹、结痂为主要特点。水痘可继发金黄色葡萄球菌和A族链球菌感染，从而发生脓疱、蜂窝组织炎、筋膜炎、脓肿猩红热和脓毒症，甚至可以导致永久的后遗症和死亡。水痘—带状疱疹病毒对接受免疫抑制剂治疗和有免疫缺陷的孩子可以引起严重病情，导致严重肺炎、脑炎、心肌炎、视神经炎、脊髓炎、睾丸炎和关节炎，病死率可达到15%。水痘一年四季都可以发病，以冬春多发。

带状疱疹在儿童中比较少见，但是有水痘病史的个体一生中发生带状疱疹的概率大约为10%。带状疱疹是水痘—带状疱疹病毒潜伏感染再激活造成的疾病，表现为水疱样皮疹伴有严重疼痛的疾病。水痘—带状疱疹病毒可以潜伏在体内，一旦抵抗力下降就会再激活而发生带状疱疹疾病。带状疱疹可以并发和继发细菌感染，造成运动神经或颅神经瘫痪、脑炎和角膜炎。

目前，国内使用的是水痘减毒活疫苗。其接种对象为1岁以上的儿童。水痘减毒活疫苗的免疫持久性较好，一般可持续20年以上的时间。但与自然感染获得的水痘抗体相比，疫苗免疫后仍有5%～10%的人会发生突破病例（再次发生水痘）。

接种程序：采用2针程序，即1岁、4岁各接种1剂，每次接种剂量为0.5mL。

接种部位：上臂外侧三角肌下缘附着处皮下注射。

禁忌证：患有严重疾病（急性或慢性疾病）、慢性疾病的急性发作期和发热者；已知对新霉素、卡那霉素、庆大霉素或对该疫苗的任何成分过敏者；淋巴细胞总数少于$1200/mm^3$，表现有细胞免疫功能缺陷的原发或继发免疫缺陷的个体，正在使用免疫抑制剂治疗包括应用高皮质醇激素的患者；有先天性免疫病史，密切接触的家庭成员中患有先天性免疫疾病史者。对于患有急性发热疾病的个体应推迟接种水痘减毒活疫苗。

不良反应：接种疫苗后一般无反应，在接种6～18天内少数人可有短暂一过性的发热或轻微皮疹，一般无须治疗会自行消退，必要时可对症治疗。

注意事项：水痘减毒活疫苗不推荐在水痘流行季节接种，与其他减毒活疫苗接种需要间隔1个月。注射过免疫球蛋白、全血、血浆者应间隔3个月后再接种，否则影响免疫效果。

疫苗储存：2℃～8℃避光条件下保存和运输。

医生为什么问是否给孩子接种过水痘疫苗

Q 我的孩子已经3岁多了，4个月前孩子患原发性血小板减少性紫癜（免疫性血小板减少症），现在应用大剂量免疫抑制剂治疗。医生问我是否给孩子接种过水痘疫苗，孩子在1岁时已经接种过。请问医生为什么这样问？

A 孩子由于正在接受大剂量的免疫抑制剂治疗，在这期间如果不慎染上水痘，后果将十分严重，甚至可以导致死亡（这里也包括接受化疗、放疗的孩子，患有免疫缺陷等严重疾病的孩子）。如果孩子在1岁时接种过水痘疫苗，接种后所产生的保护作用可以持续保护达到20年以上，这样在孩子接受大剂量免疫抑制剂治疗期间就可以避免受到水痘—带状疱疹病毒的感染。所以，医生可能根据这个理由才这样问家长的。

孩子需要接种水痘疫苗吗

Q 我的孩子快2岁了，水痘疫苗属于二类疫苗，我的孩子有必要接种吗？

A 水痘是一种传染性极强的疾病，可以通过飞沫以及接触传染。2岁的孩子正处于易感年龄段，将来孩子还要送幼儿园、小学过集体生活，只要幼儿园或者小学发现一例水痘患儿，就有可能造成大面积流行，严重时整个幼儿园或小学大多数孩子都会被传染患病。水痘没有什么特殊治疗方法，而且需要隔离至全部水痘结痂，这需要2～3周时间，孩子不能上学，耽误课程。同时，水痘的合并症和继发感染也会对孩子造成一定的伤害甚至后遗症。

孩子患水痘对于周围人是一种潜在的威胁，例如亲属中如果有孕早期或中晚期的准妈妈受到传染，会造成胎儿畸形或者胎儿出生患有先天性水痘，亲属中有先天免疫缺陷危害则更大。即使有的人接触了水痘病毒没有发病也有可能在身体中潜伏下来，一旦机体抵抗力下降就会激活而发生带状疱疹，影响健康，尤其对老年人伤害更大。鉴于这些原因，我建议家长给孩子接种水痘疫苗。目前接种水痘疫苗后出现不良反应很少，即使出现不良反应也不需要特殊处理，大多都是自行消失。

目前，我国一些地区已将水痘疫苗纳入一类疫苗中免费接种。

为什么有的地方接种1剂水痘疫苗，
有的地方接种2剂水痘疫苗

Q 我国扩大计划免疫程序规定在1～12岁接种水痘疫苗1剂，但是欧美等国家建议接种2剂，这是为什么？

A 美国疾病预防控制中心建议，12个月～12岁的孩子都应该接种2剂水痘疫苗，第一剂是在孩子12～15个月时接种，第二剂最好是在4～6岁接种，2剂之间接种至少要间隔4周。这是因为原来专家曾认为接种一剂水痘疫苗就可以保护终身，但后来发现一剂起的保护作用会随着时间的推移而逐渐消失，所以为了让孩子获得终身免疫，需要加强接种一剂。我国大部分地区已经采用这种做法，例如北京市就是按2针接种，即1岁、4岁各接种1剂。

轮状病毒疫苗（二类疫苗）

轮状病毒疫苗相关知识

轮状病毒疫苗是预防轮状病毒肠炎的疫苗。世界卫生组织统计，全球每年患轮状病毒肠炎的人数超过1.4亿，其中又造成超过60万孩子死亡，可见轮状病毒肠炎是危害孩子健康的一种严重疾病。轮状病毒肠炎多见于6个月～2岁的婴幼儿，4岁以后很少发病。本病主要发生在10月、11月、12月、1月秋冬寒冷季节。小儿消化系统发育不成熟，轮状病毒广泛存在于自然界，传染性很强。病人和隐性带菌者为传染源。病毒通过消化道、密切接触、呼吸道传播，可以引起散发或暴发流行。本病潜伏期为1～3天，发病急，伴有发热，也可表现为上呼吸道感染、呕吐等症状，大便水样或蛋花汤样，无臭味，每日5～10次或10次以上，一般预后良好。但是，严重者可出现脱水酸中毒，甚至导致死亡，并可以发生病毒性心肌炎、肺炎、脑炎、感染性休克等并发症。发病后没有特效的药物，只能对症治疗。接种轮状病毒疫苗是预防轮状病毒肠炎最有效、最经济的手段。目前我国使用的是轮状病毒减毒活疫苗，其保护率能够达到73.72%，对重症腹泻的保护率达90%以上，保护时间为一年，主要接种对象为2个月～3岁儿童。

目前，国际上主要使用的两种口服轮状病毒疫苗分别是，Rotarix单价疫苗（RV1主要用于预防血清型G1导致的婴幼儿轮状病毒胃肠炎）和Rotateq5价疫苗（RV5）。后者于2018年9月18日通过批签发，目前以"默沙东五价重配轮状病毒减毒活疫苗（Vero细胞）"（商品名乐儿德，英文名RotaTeq）为名在中国上市。

| 国产单价减毒活疫苗 |

接种程序：为口服疫苗，直接喂给婴幼儿，每人一次口服3mL，每年应口服一次。

禁忌证：身体不适、发热或腋温37.5℃以上者；急性传染病或其他严重疾病者；免疫缺陷和接受免疫抑制剂治疗者；消化道疾病、胃肠功能紊乱者；严重营养不良、过敏体质者。

不良反应：口服后一般无不良反应，偶有低热、呕吐和腹泻等轻微反应，一般无须治疗，自行消失。

注意事项：使用本疫苗前后需要与其他活疫苗或免疫球蛋白间隔2周以上；服疫苗前后30分钟内不吃热的东西和喝热水。

疫苗储存：在2℃～8℃避光条件下保存和运输。

| 进口五价重配轮状病毒减毒活疫苗 |

进口五价重配轮状病毒减毒活疫苗（口服制剂）是美国默沙东公司生产的，包含五种人—牛轮状病毒重配株，用于预防最常见的5种血清型（G1，G2，G3，G4，G9）所致的轮状病毒胃肠炎。该疫苗保护效力可达95.5%，并提供7年持久保护。

接种对象：6～32周龄儿童。

接种程序：全程接种3剂，6～12周龄口服第一剂（每次2mL），之后2剂各间隔4～10周，并在32周龄内完成全部3剂口服接种。

疫苗储存：在2℃～8℃冷藏避光条件下保存和运输。

同时接种：在中国进行的三期临床试验数据显示，本品与口服脊髓灰质炎减毒活疫苗和无细胞百白破疫苗同时接种时所有不良反应总体发生率，在疫苗组与安慰组之间无显著差异，同时接种本品未显著影响人体对口服脊髓灰质炎减毒活疫苗和无细胞百白破疫苗的免疫原性。

但需要注意的是，对疫苗任何成分有过敏反应、有联合免疫缺陷疾病或肠套叠既往史的婴儿是不能接种的。具体事项还要咨询接种的医生。

孩子需要接种轮状病毒疫苗吗

需要接种吗？

Q 快到秋天了，保健站的医生通知我给1岁的儿子接种轮状病毒疫苗，据说是为了防止秋季腹泻。我的孩子

A 秋季腹泻就是医学上说的轮状病毒性肠炎。每年秋末冬初（11～12月）是

轮状病毒肠炎发病的高峰，5岁以下的小儿几乎人人感染，其中有42%的患儿为无临床症状的隐性感染。5岁前有的孩子可反复感染10~15次。轮状病毒肠炎临床表现为发病急，常伴有发热和上呼吸道感染的症状，多有呕吐，大便呈水样或蛋花汤样，重者严重脱水，甚至导致死亡。其合并症可以发生病毒性心肌炎、肺炎、脑炎、感染性休克。发病后没有特效的药物，只能对症治疗。轮状病毒肠炎是通过消化道和呼吸道传播的。几乎所有的人都感染过轮状病毒，但是因为成年人已经产生了抗体，所以一些成年人感染后并不发病，但他可能是一名隐性带毒者。而婴幼儿因为消化系统发育不成熟，免疫机制不健全，又需要抚养人贴身照顾，如果不清洁地护理，例如给孩子冲奶时不洗手，外出回来不换外衣直接给孩子喂奶，孩子所用饮食餐具没有很好地进行消毒，都可能引发轮状病毒肠炎。另外，有些人喜欢带孩子去公共场所玩，也很容易造成孩子感染而患轮状病毒肠炎。所以，接种轮状病毒疫苗是最好的预防办法。本疫苗是口服疫苗，对孩子没有任何痛苦。

已经患过轮状病毒肠炎的孩子有必要再接种轮状病毒疫苗吗

Q 我的孩子已经2岁了，在1岁的时候患过一次轮状病毒肠炎，现在还有必要再接种轮状病毒疫苗吗？他的哥哥已经4岁了，还需要接种吗？

A 孩子患过轮状病毒肠炎，体内已经有了相应的抗体，就不需要再次接种轮状病毒疫苗了。同样，对于已经4岁的哥哥，由于他与弟弟密切接触，就不需要接种轮状病毒疫苗。因为即使哥哥还没有发过病，多半也已经感染过轮状病毒，从而使体内产生了抗体，发病率明显减低。

肠道病毒71型灭活疫苗（手足口疫苗，二类疫苗）

肠道病毒71型灭活疫苗相关知识

　　手足口病是由多病原引起的症候群，但其中重症手足口病和相关死亡主要由EV71感染所致。该病主要经由肠胃道（粪—口、水、食物污染）或呼吸道（飞沫、咳嗽或打喷嚏）传染，也可经由接触病人皮肤水疱的液体而受到感染。每年4~6月是手足口病的高发季节，部分地区（尤其是南方）10~11月还会出现秋季小高峰。其潜伏期为2~10天，发病后一周内传染力最强。病人和隐性感染者均可排出病毒，均可成为本病的传染源。出现症状前数天，病人血液、鼻咽分泌物和粪便中均已存在病毒，因此病人潜伏期也具有传染性。通常以发病后一周内传染性最强。该病隐性感染比例大、传播途径复杂、传播速度快，在短时间内可造成较大范围的流行，疫情控制难度大。发生重症的比例较大，可引起神经系统感染症状并导致心肺功能衰竭，严重者会导致死亡。EV71病毒感染的死亡率达93%，是中国传染病发病率最高病种之一。手足口病已经被卫健委列入丙种传染病。

　　我国生产的肠道病毒71型灭活疫苗是全球首个EV71疫苗，也是唯一采用人源性细胞基质生产的肠道病毒EV71疫苗产品，达到了国际领先水平。大量临床试验证明，该疫苗具有良好的安全性和有效性，可预防由EV71感染引起的手足口病及其重症，保护率达到97.3%。EV71疫苗只对EV71感染引起的手足口病具有保护作用，不能预防柯萨奇病毒A16型或其他型别肠道病毒引起的手足口病。目前，EV71疫苗接种是预防和控制肠道病毒EV71型感染引起的重症手足口病的根本手段。

　　肠道病毒71型灭活疫苗上市后，作为二类疫苗使用，家长本着知情、自愿、自费的原则给孩子接种。

　　接种对象：6个月~3岁EV71易感者，每次接种0.5mL；越早接种越好，鼓励在12月龄前完成接种程序；对于5岁以上儿童，不推荐接种EV71疫苗。

　　接种部位：上臂三角肌肌内注射；开启疫苗瓶和注射时，切勿使消毒剂接触疫苗；严禁血管内注射。

　　免疫程序：基础免疫程序为2剂次，

间隔1个月；现阶段建议使用同一企业疫苗完成2剂次接种。目前经研究证实：在儿童6月龄、7月龄同时接种EV71+乙肝疫苗，或同时接种EV71疫苗＋A群脑膜炎球菌多糖疫苗，并不影响其安全性及有效性。

不良反应：接种疫苗后的局部反应主要表现为接种部位红、硬结、疼痛、肿胀、瘙痒等，以轻度为主，持续时间不超过3天，可自行缓解；全身反应主要表现为发热、腹泻、食欲不振、恶心、呕吐、易激惹等，呈一过性。

禁忌证：已知对本疫苗任何一种成分过敏者，以及对庆大霉素过敏者；发热、急性疾病期患者及慢性疾病急性发作者；严重慢性疾病、过敏体质者禁用。

如有下列情况，在决定是否接种时应慎重考虑，以免影响接种效果。

● 患有血小板减少症或者出血性疾病者，肌内注射本疫苗可能会引起注射部位出血。

● 正在接受免疫抑制治疗或免疫功能缺陷的患者，接种本疫苗产生的免疫应答可能会减弱。接种应推迟到治疗结束后或确保其得到了很好的保护。但对慢性免疫功能缺陷的患者，即使基础疾病可能会使免疫应答受限，也推荐接种。

● 未控制的癫痫患者和其他进行性神经系统疾病（如格林－巴利综合征等）患者，应慎重考虑是否接种该疫苗。

● 接种EV71疫苗与注射人免疫球蛋白应至少间隔1个月。

其他禁忌证和慎用情况可参考相应企业的疫苗说明书。

留观：接种疫苗后，要求接种对象在接种单位留观30分钟。

肠道病毒71型灭活疫苗可以与其他疫苗同时接种吗

Q 我很想给孩子接种手足口病疫苗，但是1岁内孩子要接种的疫苗很多，请问这种疫苗可以与其他疫苗一起接种吗？

A 近日，北京科兴生物制品有限公司与广东疾病预防控制中心和东莞疾病预防控制中心，合作完成了EV71与乙肝疫苗剂A群流脑疫苗联合免疫研究。该研究结果发表在国际知名的《传染病杂志》上，其表明在儿童6月龄、7月龄同时接种EV71+乙肝疫苗，或同时接种EV71+A群脑膜炎球菌多糖疫苗，并不影响疫苗的安全性及有效性。考虑到EV71疫苗的流行病学特征和疾病负担，建议EV71疫苗接种对象为≥6月龄易感儿童，越早接种越好。因为EV71母体抗体水平出生后逐渐衰减，在婴儿5～11月龄时最低，而发病率最高的年龄组在1～2岁。因此，6月龄开始接种可及时为易感儿童提供保护，鼓励在12月龄前完成接种程序，以便尽早发挥保护作用，筑起免疫屏障。

有免疫缺陷的儿童是否可以接种手足口病疫苗

Q 我的孩子经过检查有免疫缺陷，手足口病疫苗是灭活疫苗，是否与其他灭活疫苗一样，我的孩子可以接种吗？

A 中国疾病预防控制中心印发的《肠道病毒71型灭活疫苗使用技术指南》中指出，对于接受免疫抑制药物的儿童，免疫抑制剂、化疗药物、抗代谢药物、烷化剂、细胞毒素类药物、皮质类固醇类药物等，都可能会降低机体对本疫苗的免疫应答。对于免疫缺陷儿童（包括免疫缺陷病毒感染儿童），接种EV71疫苗的有效性和安全性尚无数据，可在评估儿童感染EV71病毒风险后决定是否接种。

在接触了手足口病患儿后再接种疫苗进行预防可以吗

Q 幼儿园班上已经有小朋友患有手足口病，我现在给孩子接种手足口病疫苗还能起到预防作用吗？

A 中国疾病预防控制中心印发的《肠道病毒71型灭活疫苗使用技术指南》中指出，目前尚无该疫苗在儿童暴露于EV71感染病例后紧急接种是否可以预防发病的数据，也无针对疫情暴发时开展群体性应急接种的效果评价数据。若发现儿童暴露后，家长希望为儿童接种

EV71疫苗，医护人员应对其接种后的发病风险或偶合发病的可能性进行充分告知。目前，尚无法提出该疫苗用于群体性应急接种的建议。

已经患过手足口病的孩子需要接种肠道病毒 71 型灭活疫苗吗

"

Q 我的孩子2岁了，半年前患过手足口病，不过一周内很快就痊愈了，他还需要接种肠道病毒71型灭活疫苗吗？

"

A 孩子虽已经患过手足口病，但是引起手足口病的病原体有20多种，而肠道病毒71型灭活疫苗只针对肠道病毒EV71型感染引起的手足口病。此病发生重症的比例比较大，可引起神经系统感染症状并导致心肺功能衰竭，严重者会导致死亡。如果孩子已经明确诊断为肠道病毒EV71型感染引起的手足口病，就可以不再接种肠道病毒71型灭活疫苗，否则最好接种。

狂犬病疫苗

狂犬病疫苗相关知识

狂犬病疫苗可以预防狂犬病。狂犬病毒只有一种血清型，接种狂犬病疫苗后，血液中产生狂犬病毒抗体，这些抗体可以防止狂犬病毒在体内传播，减少病毒增殖量，还能清除游离的狂犬病毒，从而达到保护机体、预防狂犬病发生的作用。

狂犬病是一种人畜共患的疾病，是由狂犬病毒感染引起的一种动物源性传染病，主要通过破损的皮肤或黏膜侵入人体，临床大多表现为特异性恐风、恐水、咽肌痉挛、进行性瘫痪等。一旦发病，病死率极高，几乎达到100%。暴露后处置是预防狂犬病的唯一有效手段。世界卫生组织认为，及时、科学和彻底的暴露后预防处置能够避免狂犬病的发生，降低狂犬病所致死亡。

狂犬病潜伏期从几天至数年（通常2～3个月，极少超过1年）不等，潜伏期长短与病毒的毒力、侵入部位的神经分布等因素相关。病毒数量越多、毒力越强、侵入部位神经越丰富、越靠近中枢神经系统，潜伏期就越短。

狂犬病发病率最高的是5岁以下儿童，主要因为孩子年纪小，缺乏自我保护的意识和能力，加上好奇心强均是容易被动物咬伤的原因。狂犬病是一种动物之间的传染病，如果家养动物没有做到充分的免疫，都有可能感染狂犬病毒，其中狗占成年人和其他传播狂犬病动物的90%以上。绝大多数的野生动物都有可能感染狂犬病毒。人受到病犬（或者感染狂犬病毒的其他动物）咬伤或者抓伤后，病毒经伤口进入人体，除伤口的不适，患者可能没有其他不适。病毒一旦进入神经系统后，狂犬病的症状便渐渐显露出来。

狂犬病在临床上可表现为狂躁型（大约2/3的病例）或麻痹型。由犬传播的狂犬病一般表现为狂躁型，而吸血蝙蝠传播的狂犬病一般表现为麻痹型。狂躁型患者以意识模糊、恐惧痉挛，以及自主神经功能障碍（如瞳孔散大和唾液分泌过多等）为主要特点。麻痹型患者意识清楚，但

有与吉兰-巴雷综合征相似的神经病变症状，主要表现为进行性、上升性、对称性麻痹，四肢软瘫，以及不同程度的感觉障碍。与吉兰-巴雷综合征不同的是，狂犬病患者一般伴有高热、叩诊肌群水肿（通常在胸部、三角肌和大腿）和尿失禁，而不伴有感觉功能受损。

根据病程，狂犬病的临床表现可分为潜伏期、前驱期、急性神经症状期（兴奋期）、麻痹期、昏迷直至死亡。

●潜伏期：从暴露到发病前无任何症状的时期，一般为1～3个月，极少数短至2周以内或长至1年以上，此时期内无任何诊断方法。

●前驱期：患者出现临床症状的早期，通常以不适、厌食、疲劳、头痛和发热等不典型症状开始，50%～80%的患者会在原暴露部位出现特异性神经性疼痛或感觉异常（如痒、麻及蚁行感等），可能是由于病毒在背根神经节复制或神经节神经炎所致。此时期还可能出现无端的恐惧、焦虑、激动、易怒、神经过敏、失眠或抑郁等症状。前驱期一般为2～10天（通常2～4天）。

●急性神经症状期：患者出现典型的狂犬病临床症状，有两种表现，即狂躁型与麻痹型。

狂躁型患者出现发热并伴随明显的神经系统体征，包括机能亢进、定向力障碍、幻觉、痉挛发作、行为古怪、颈项强

直等。其突出表现为极度恐惧，恐水，怕风，发作性咽肌痉挛，呼吸困难，排尿、排便困难及多汗流涎等。恐水、怕风是本病的特殊症状，典型患者见水、闻流水声、饮水或仅提及饮水时，均可引起严重的咽肌痉挛。

麻痹型患者无典型的兴奋期及恐水现象，而以高热、头痛、呕吐、咬伤处疼痛开始，继而出现肢体软弱、腹胀、共济失调、肌肉瘫痪、大小便失禁等，呈现横断性脊髓炎或上升性脊髓麻痹等类吉兰－巴雷综合征表现。其病变仅局限于脊髓和延髓，而不累及脑干或更高部位的中枢神经系统。

● 麻痹期：患者在急性神经症状期过后，逐渐进入安静状态的时期，此时痉挛停止，患者渐趋安静，出现迟缓性瘫痪，尤以肢体软瘫最为多见。

临终前患者多进入昏迷状态，呼吸骤停一般在昏迷后不久即发生。

（以上部分内容摘自中国疾病预防控制中心发布的《狂犬病预防控制技术指南（2016版）》）

因此，本病做好预防是很关键的。一旦被狗或其他动物咬伤或者抓伤，应及时、彻底对伤口进行清洁处理，具体参考本书"动物咬伤如何处理"相关内容，并在24小时内进行正规狂犬病疫苗接种。如被咬伤的部位为头面部、颈部，即使已过相当长时间，仍应积极进行狂犬病疫苗的

接种，并同时注射抗狂犬病免疫血清或免疫球蛋白。目前我国有纯化地鼠肾狂犬病疫苗、精制Vero细胞狂犬病疫苗、人二倍体细胞狂犬病疫苗和鸡胚细胞狂犬病疫苗等。

免疫程序：全程接种5针。

暴露前的免疫程序：0、7、21（28）天各接种1剂，长期与动物密切接触的人，完成基础免疫后，在没有动物致伤的情况下，一年后加强免疫1剂，以后每隔3~5年加强免疫1剂。

暴露后的免疫程序：分别于咬伤当天（第零天）、第三天、第七天、第十四天和第二十八天接种，每次0.5mL。如果第一针延迟接种，则以后4针也相应地延迟接种。

2010年卫生部推荐新接种方案，即"2-1-1"免疫程序，疫苗接种由过去的5次减少为3次，分别在当天接种2剂，第七天和第二十一天各接种1剂，就能有效预防狂犬病，接种周期缩短了7天，且产生抗体迅速，对就诊时间比较晚、严重咬伤者更加适用。

注射部位：上臂三角肌内，婴幼儿可以在大腿前外侧区肌内注射。

禁忌证：由于狂犬病是致死性疾病，所以被狗或其他动物咬伤或抓伤后无任何禁忌证。但是，高危人员预防接种遇到发热、急性疾病、严重慢性疾病、神经系统疾病、过敏性疾病或对抗生素、生

物制品有过敏史者禁用。哺乳期、孕妇接种狂犬病疫苗是安全的，并且不会对胎儿造成影响。

不良反应：

● 局部反应为接种疫苗后24小时内，注射部位出现红肿、疼痛、发痒，一般不需处理即可自行缓解；

● 全身性反应可有轻度发热、无力、头痛、眩晕、关节痛、肌肉痛、呕吐、腹痛等，一般不需处理即可自行消退。

罕见不良反应：

● 中度以上发热反应，可先采用物理降温方法，必要时可以使用解热镇痛剂；

● 过敏性皮疹，接种疫苗后72小时内出现荨麻疹，出现反应时，应及时就诊，给予抗过敏治疗。

极罕见不良反应：过敏性休克和过敏性紫癜。

注意事项：忌饮酒、浓茶等刺激性食物和剧烈运动，不能进行血管内注射，禁止臀部注射，庆大霉素过敏者慎用。

被已经接种过狂犬病疫苗的狗咬伤的孩子还需要接种疫苗吗

Q 由于没有看护好我家的狗，它咬伤了邻居家的孩子，狗已经接种过狂犬病疫苗了，邻居家的孩子还需要接种狂犬病疫苗吗？

A 被注射过狂犬病疫苗的狗咬伤的人也应尽快接种狂犬病疫苗。目前给狗注射灭活狂犬病疫苗后，其药力一般可维持1年，第二年应该继续为狗预防接种，才能有效控制狂犬病发作率。而且为狗注射狂犬病疫苗后，对狗的狂犬病发作率和对人的保护率都不是100%，这与狗自身携带的狂犬病毒量也有关系。同时，狗在感染上狂犬病毒后再接种狂犬病疫苗，疫苗会失去作用。当人被狗咬伤后接种狂犬病疫苗，人体能形成一道保护大门，阻断病毒侵入神经系统尤其是中枢神经的通道。所以，即便是被注射过狂犬病疫苗的犬只咬伤，伤者也应尽快到防疫部门接种狂犬病疫苗。

被哪些动物咬伤或者抓伤后需要接种狂犬病疫苗

Q 我家的孩子被家养的公鸡啄伤了，请问需要接种狂犬病疫苗吗？被哪些动物咬伤或者抓伤后需要接种狂犬病疫苗？

A 狂犬病在自然界的宿主动物包括食肉目动物和翼手目动物，如狐、狼、豺、鼬獾、貉、臭鼬、浣熊、猫鼬、蝙蝠，以及常见的狗、猫等都是狂犬病的自然宿主，均可感染狂犬病毒成为传染源，进而感染猪、牛、羊和马等家畜。人一旦

被这些动物咬伤或者抓伤很可能感染狂犬病。禽类、鱼类、昆虫、蜥蜴、龟和蛇等不感染和传播狂犬病毒。美国疾病预防控制中心指出，啮齿类（尤其小型啮齿类，如花栗鼠、松鼠、小鼠、大鼠、豚鼠、沙鼠、仓鼠）和兔形目（包括家兔和野兔）极少感染狂犬病，也未发现此类动物导致人狂犬病的证据。

印度为当前狂犬病疫情最严重的国家，我国仅次于印度，所以一旦被犬类、猫类和翼手类动物咬伤或者抓伤，就需要接种疫苗。公鸡是禽类，被其啄伤后不需要接种狂犬病疫苗。

被宠物猫咬出牙印需要注射狂犬病疫苗吗

Q 家养了宠物猫，孩子在逗引猫玩的时候，手指被猫咬出牙印，但是没有破，还需要接种狂犬病疫苗吗？

A 如果家养的动物（猫、狗等）没有进行免疫接种，而且即使接种了疫苗也不见得能起到百分之百的保护作用，因此不敢断定

这些宠物的分泌物不带有狂犬病毒。虽然狂犬病毒很难通过完好的皮肤进入机体，但孩子被咬出牙印，就不能掉以轻心了。因为肉眼看不到的损伤不见得就没有细微的破口，所以不能确定其唾液中的病毒是否顺着牙印进入到体内。为了防止发生意外，我建议对孩子被咬的部位进行彻底的消毒处理，然后去医院全程接种狂犬病疫苗，同时要教育孩子平时不要逗引宠物。

接种狂犬病疫苗有几种免疫程序

Q 如果接种狂犬病疫苗需要打几针？我听说有两种免疫程序，是吗？

A 是的，目前有两种免疫程序，即五针法和"2-1-1"四针法。五针法是狂犬病暴露者于0、3、7、14和28天各注射狂犬病疫苗1剂。卫健委批准的几个品种的新型人用狂犬病疫苗可以采用"2-1-1"四针法免疫程序，即3次打4针，在被咬当天打2针，第七天和第二十一天分别打1针。这种方案也被称作"2-1-1"方案，是卫健委推荐的免疫程序，与五针的方案一样都是世界卫生组织推荐的。"2-1-1"方案可减少病人就诊次数，降低接种成本。

"2-1-1"方案免疫效果如何

Q 我记得狂犬病疫苗过去是接种5针，历时近1个月，现在采取"2-1-1"方案接种3次，共4剂，其免疫效果如何？

A "2-1-1"方案是世界卫生组织推荐的狂犬病疫苗肌内注射方案，得到全球临床验证，并具有广泛的使用经验。我国卫健委也推荐使用"2-1-1"方案，这是源于我国狂犬病疫苗质量的提高，并获得国家食品药品监督管理总局批准，使"2-1-1"方案成为可能。多项临床试验证明，"2-1-1"方案与五针法在全程免疫后能达到同样好的免疫效果："2-1-1"方案首次接种后第七天的血清阳转率可达70%左右，14天血清阳转率为100%，优于五针法。因为"2-1-1"方案首次接种抗原量加倍，并同时刺激双侧淋巴系统，可以更快产生抗体，早期抗体水平也更高。因此，"2-1-1"方案是比五针法更快速的免疫程序。

是否所有的狂犬病疫苗都可以使用"2-1-1"方案

Q 我听说一些地区狂犬病疫苗是4针接种3次，为什么我们这个地区却要求接种5次？医生说我们地区使用的疫苗与"2-1-1"方案的疫苗不一样。难道不是所有的狂犬病疫苗都能实施"2-1-1"方案？

A 因为"2-1-1"方案对疫苗的质量提出了更高的要求，因此只有获得国家食品药品监督管理总局批准的产品才能使用。目前国内仅有少数几家狂犬病疫苗获得批准可以使用"2-1-1"方案。如果当地没有这几种产品，那么其他厂家出产的狂犬病疫苗仍按原接种程序接种，即5针肌内注射方案，狂犬病暴露者于0、3、7、14和28天各注射狂犬病疫苗1剂。

➜ 育儿链接：什么叫狂犬病暴露 ●●●

狂犬病暴露是指被狂犬、疑似狂犬或是不能确定健康的狂犬病宿主动物咬伤，抓伤，舔黏膜、皮肤破损处或者开放性伤口。有上述情况的所有人员称为狂犬病暴露者。

按照暴露性质和严重程度，狂犬病暴露可分为三级。

Ⅰ级暴露。符合以下情况之一者：接触或喂养动物；完好的皮肤被舔；完好的皮肤接触狂犬病动物或人狂犬病病例的分泌物或排泄物。处理：确认接触方式可靠则不需处置。

Ⅱ级暴露。符合以下情况之一者：裸露的皮肤被轻咬；无出血的轻微抓伤或擦伤。首先用肉眼仔细观察暴露处皮肤有无破损。当肉眼难以判断时，可用酒精擦拭暴露处，如有疼痛感，则表明皮肤存在破损（此法仅适于致伤当时测试使用）。处理：1.处理伤口；2.接种狂犬病疫苗。

Ⅲ级暴露。符合以下情况之一者：单处或多处贯穿皮肤的咬伤或抓伤（"贯穿"表示至少已伤及真皮层和血管，临床表现为肉眼可见出血或皮下组织）；破损皮肤被舔舐（应注意皮肤皲裂、抓挠等各种原因导致的微小皮肤破损）；黏膜被动物唾液污染（如被舔舐）；暴露于蝙蝠（当人与蝙蝠之间发生接触时应考虑进行暴露后预防，除非暴露者排除咬伤、抓伤或黏膜的暴露）。处理：1.处理伤口；2.注射狂犬病被动免疫制剂（抗狂犬病血清/狂犬病人免疫球蛋白）；3.注射狂犬病疫苗。

世界卫生组织指出，发生在头、面、颈部、手部和外生殖器的咬伤属于Ⅲ级暴露，因为头、面、颈、手和外生殖器部位神经丰富。（以上部分内容摘自中国疾病预防控制中心发布的《狂犬病预防控制技术指南（2016版）》）

"2-1-1"方案第一次注射时的两针可以合成一针注射吗

"

Q 孩子被狗咬后，医生第一次注射狂犬病疫苗时，分别在孩子双上臂三角肌处注射一针，不可以将两针合并注射吗？另外，完成全程接种后还需要打加强针吗？

"

A 根据"2-1-1"方案的注射原则，孩子被狗咬后，第一次接种狂犬病疫苗必须分开在左右上臂三角肌内接种。因为只有通过在两侧分别注射一剂，疫苗中的抗原才会激发左右两侧的淋巴系统，产生更多的抗体，免疫效果更好。如果只在一个部位接种，则达不到上述效果。本疫苗不需要加强针。

接种狂犬病疫苗时注射抗狂犬免疫球蛋白是否会影响效果

"

Q 孩子被狗咬后需要同时接种狂犬病疫苗和抗狂犬病免疫球蛋白，这两针是不是不可以在同一部位注射？应该如何同时注射？

"

A 《狂犬病暴露预防处置工作规范（2009年版）》第十八条规定，不得把被动免疫制剂和狂犬病疫苗注射在同一部位，因为这两种成分可能在同一部位发生中和反应。但如果狂犬病疫苗和抗狂犬免疫球蛋白接种在不同部位，则不会相互影响。具体注射方式是：如果是上肢伤口，伤口周围注射抗狂犬免疫球蛋白，只要三角肌处肌肉皮肤完整，即可在两侧接种疫苗；如果咬伤在三角肌部位，抗狂犬免疫球蛋白的使用不变，但同侧的疫苗可接种在同侧大腿前外侧肌，另一支疫苗在对侧三角肌或大腿前外侧肌接种；上臂被咬伤者，若不是在三角肌，抗狂犬免疫球蛋白在伤口周围浸润注射，疫苗接种尽量远离暴露部位并且两侧接种，不会影响效果。采用"2-1-1"方案注射，两侧三角肌和两侧大腿前外侧肌四处均可作为疫苗接种部位，应根据情况选择。

"2-1-1"方案接种过程中出现延期接种的情况该如何处理

> **Q** 我们家中养了一只宠物狗，出于预防的目的，给孩子接种了人用狂犬病疫苗，采用的是"2-1-1"方案。但第二次接种因为外出延误了几天，那么以后应该如何接种？

A 《狂犬病暴露预防处置工作规范

（2009年版）》第十二条规定，接种狂犬病疫苗应当按时完成全程免疫，按照程序正确接种对机体产生抗狂犬病的免疫力非常关键，当某一针次出现延迟一天或数天注射，其后续针次接种时间按延迟后的原免疫程序间隔时间相应顺延。一般"2-1-1"方案由于仅需就诊3次，发生延期的比例相对比较低。如延迟期太长（超过10天），建议重新开始一个新的免疫程序。

再次被狗咬伤还需要接种狂犬病疫苗吗

> **Q** 以前接种过狂犬病疫苗，现在又被狗咬伤，还需要接种狂犬病疫苗吗？如果需要，如何接种？

A 2013年世界卫生组织更新的《WHO狂犬病专家磋商会（第二次报告）》中建议，对于曾接受过全程暴露前或暴露后预防接种者，在接种完成3个月内发生暴露或再暴露，如致伤动物健康且已被免疫，并能进行10日观察，则在确保给予正确伤口处理的前提下，可推迟加强免疫。使用神经组织疫苗等效力不确定的疫苗（无论是否曾接受过全程免疫），以及未接受过全程暴露前或暴露后预防接种的III级暴露者，均应再次接受全程暴露后免疫和被动免疫制剂注射。

我国在2016年发布的《狂犬病预防控制技术指南》，结合世界卫生组织的建议指出：对于曾经接受过疫苗全程接种者，如3个月内再次暴露，在符合2013年世界卫生组织报告中提及的各项条件时，可推迟加强免疫；超过3个月以上再次暴露者，需第零天和第三天各接种1剂疫苗；

若使用了效力不确定的疫苗、之前未全程接种或暴露严重的Ⅲ级暴露者，在再次暴露后则需全程进行疫苗接种。

什么是10日观察法

Q 邻居家的孩子被自己家养的宠物狗咬伤，他们家的宠物已经接种了各种宠物的疫苗，听说可以采取10日观察法，即接种一针狂犬病疫苗后，进行观察，再决定是否继续接种余下的狂犬病疫苗。这样可以吗？

A 中国疾病预防控制中心2016年发布的《狂犬病预防控制技术指南》中提到世界卫生组织及美国疾病预防控制中心均推荐10日观察法。采用10日观察法，必须具备以下条件。

● 10日观察法仅限于家养的犬、猫和雪貂，且伤人动物需有2次明确记载有效的狂犬病疫苗免疫接种史。

● 10日观察法要考虑众多因素，如暴露地区的动物狂犬病流行病学、伤口类型、暴露严重程度、伤人动物的临床表现及其免疫接种状况、伤人动物进行隔离观察的可能性以及实验室诊断的可获及性等。

● 暴露后预防处置应立即开始，如有可能，应对可疑动物进行识别，隔离观察（外观健康的犬或猫）或安乐死后进行实验室检测。在等待实验室结果或观察期内，应继续进行疫苗的暴露后预防接种。如实验室检测阳性，应立即进行回顾性风险评估以确定所有可能暴露人群，并应给予其暴露后预防程序。如可疑动物无法进行实验室检测或观察，则应给予全程暴露后预防。如果动物经适当的实验室检测证实未感染狂犬病，则暴露后预防可以终止。当健康且接受过正确的疫苗接种（至少2次有效的狂犬病疫苗接种记录）的家养犬、猫或雪貂伤人时，如易于进行10日观察，尤其是当伤者在过去的3个月内曾经接受过暴露前预防或暴露后预防免疫治疗时，在确保给予伤者恰当的伤口处理前提下，可推迟加强。

孩子采取10日观察法，必须具备以上三点要求。同时，必须在暴露后及时接种狂犬病疫苗第一剂后，再进行10日观察法。

0～3岁可供接种的疫苗（一类、二类、替代疫苗）

出生24小时内：乙肝疫苗，卡介苗。

1月龄：乙肝疫苗。

2月龄：脊髓灰质炎灭活疫苗，b型流感嗜血杆菌结合疫苗，轮状病毒疫苗，五联疫苗，13价肺炎球菌结合疫苗。

3月龄：脊髓灰质炎灭活疫苗，b型流感嗜血杆菌结合疫苗，百白破疫苗，五联疫苗。

4月龄：脊髓灰质炎减毒活疫苗（滴剂），脊髓灰质炎灭活疫苗，b型流感嗜血杆菌结合疫苗，百白破疫苗，13价肺炎球菌结合疫苗，五联疫苗。

5月龄：百白破疫苗。

6月龄：乙肝疫苗，流感疫苗（儿童型），流脑疫苗，13价肺炎球菌结合疫苗。

8月龄：麻腮风联合减毒活疫苗，乙脑疫苗。

9月龄：流脑疫苗（儿童型）。

12月龄：流感疫苗（儿童型）、13价肺炎球菌结合疫苗、水痘疫苗，可以注射人用狂犬病疫苗。

18月龄：脊髓灰质炎灭活疫苗，b型流感嗜血杆菌结合疫苗，百白破疫苗，五联疫苗，麻腮风疫苗，甲肝疫苗。

24月龄：流感疫苗（儿童型），霍乱疫苗，麻腮风疫苗，甲肝疫苗，23价肺炎球菌多糖疫苗。

30月龄：甲肝疫苗。

3岁：乙脑疫苗，流感疫苗（儿童型），流脑疫苗。

4岁：脊髓灰质炎减毒活疫苗。

（以上部分内容摘自中华预防医学会主办的"家庭疫苗网"）

几种传染病的潜伏期、隔离期

病名	潜伏期（日）			病人隔离期
	一般	最短	最长	
水痘	13～17	10	24	隔离至全部皮疹干燥结痂为止
麻疹	9～14	6	21	隔离期自发病之日起满14天
风疹	14～21	5	25	隔离期自皮疹出现后5天
流行性感冒	2～4	1	7	隔离至体温恢复正常后48小时
流行性乙型脑炎	6～16	4	21	隔离至体温正常为止
脊髓灰质炎	9～12	5	35	隔离至发病40天后
甲型肝炎	30	14	45	一般发病后40天解除隔离
猩红热	2～5	0.5	12	咽部症状消失、鼻咽分泌物培养连续2次阴性可解除隔离，但自治疗起不少于7日
白喉	2～5	1	10	症状消失、鼻咽分泌物连续2次培养阴性可解除隔离，但自治疗起不少于7日
百日咳	7～14	2	21	发病40日后或痉咳30日后解除隔离
流行性脑膜炎	2～3	1	7	体温正常、鼻咽分泌物培养阴性可解除隔离
杆菌痢疾	1～4	0.5	8	症状消失、粪便培养连续2次阴性，或症状消失1周后解除隔离
伤寒 副伤寒	10～14	3	30	体温正常、粪便培养连续2次阴性，或体温正常后2周可解除隔离。炊事员、保育员暂调离工作，继续观察2个月
手足口病	3～5	2	10	隔离期自发病之日起满14天
轮状病毒肠炎	2～3	数小时	7	隔离期应在14天以上

计划内和扩大国家免疫规划疫苗免疫程序

疫苗	接种对象月（年）龄	接种剂次	接种部位	接种途径	接种剂量/剂次	备注	是否有二类疫苗可替换
乙肝疫苗	0、1、6月龄	3	上臂三角肌	肌内注射	酵母苗 5μg/0.5mL，CHO苗 10μg/1mL、20μg/1mL	出生后24小时内接种第一剂次，第一、第二剂次间隔≥28天	进口乙肝疫苗（GSK）
卡介苗	出生时	1	上臂三角肌中部略下处	皮内注射	0.1mL		
脊髓灰质炎疫苗	2、3、4月龄，4周岁	4	2月龄、3月龄口服，其余肌肉注射	口服或注射		第一、第二剂次，第二、第三剂次间隔均≥28天	进口灭活脊髓灰质炎疫苗、（巴斯德）进口五联疫苗
13价肺炎球菌结合疫苗	2、4、6月龄，2~15月龄	4	婴儿大腿前外侧，幼儿上臂三角肌	肌内注射	0.5mL	第一、第二剂次，第二、第三剂次均间隔8周	辉瑞进口13价肺炎球菌结合球菌疫苗
百白破疫苗	3、4、5月龄，8~24月龄	4	上臂外侧三角肌	肌内注射	0.5mL	第一、第二剂次，第二、第三剂次间隔均≥28天	进口五联疫苗
b型流感嗜血杆菌结合疫苗（Hib）	2、3、4月龄或2、4、6月龄，18月龄	4	大腿前外侧（中间1/3段）、上臂三角肌或臀部外上1/4处接种	肌内注射	0.5mL	第一、第二剂次，第二、第三剂次间隔均≥28天	进口五联疫苗
肠道病毒71型灭活疫苗	6~12月龄	2	上臂三角肌	肌内注射	0.5mL	第一、第二剂次间隔1个月	
轮状病毒疫苗	2月龄~3岁	每年1次		口服	3mL	需要与其他活疫苗或免疫球蛋白间隔2周以上接种	
五联疫苗	2、3、4月龄，或3、4、5月龄、18月龄	4	上臂三角肌或大腿前外侧肌肉	肌内注射	0.5mL	基础免疫前3剂次必须间隔28天以上，针头不得刺穿血管或皮内注射	

疫苗	接种对象月（年）龄	接种剂次	接种部位	接种途径	接种剂量/剂次	备注	是否有二类疫苗可替换
流感疫苗	6～35月龄儿童接种1剂，没有接种过的接种2剂	1	上臂外侧三角肌内注射或深度皮下注射	肌内或皮下注射	0.25mL或0.5mL		
麻腮风疫苗	8月龄，18月龄	2	上臂外侧三角肌下缘附着处	皮下注射	0.5mL		
乙脑减毒活疫苗	8月龄，2周岁	2	上臂外侧三角肌下缘附着处	皮下注射	0.5mL		
A群脑膜炎球菌多糖疫苗	6～18月龄	2	上臂外侧三角肌附着处	皮下注射	30μg/0.5mL	第一、第二剂间隔3个月	
A+C群脑膜炎球菌多糖疫苗	3周岁，6周岁	2	上臂外侧三角肌附着处	皮下注射	100μg/0.5mL	2剂次间隔≥3年；第一剂次与A群流脑疫苗第二剂次间隔≥12个月	国产A+C+Y+W135群脑膜炎球菌多糖疫苗，进口A+C群脑膜炎球菌多糖疫苗
甲肝减毒活疫苗	18月龄	1	上臂外侧三角肌附着处	皮下注射	1mL		进口甲肝灭活疫苗
甲肝灭活疫苗	≥18月龄儿童接种1剂，24～30月龄加强免疫1剂	2	上臂三角肌	肌内注射	0.5mL	2剂次间隔≥6个月	某些地区为一类疫苗，进口甲肝灭活疫苗
水痘疫苗	1岁半、4岁	2	上臂外侧三角肌下缘附着处	皮下注射	0.5mL		

说明：1.乙肝疫苗用于新生儿母婴阻断的剂量为20μg/mL。

2.未收入的疫苗，其接种部位、途径和剂量参见疫苗使用说明书。

图书在版编目（CIP）数据

张思莱科学育儿全典 ：图解珍藏版 / 张思莱著 . ——
北京 ：中国妇女出版社，2020.5
ISBN 978-7-5127-1775-6

Ⅰ . ①张…　Ⅱ . ①张…　Ⅲ . ①婴幼儿－哺育－基本知
识　Ⅳ . ① TS976.31

中国版本图书馆 CIP 数据核字（2019）第 242777 号

张思莱科学育儿全典（图解珍藏版）

作　　者：张思莱　著
责任编辑：王　琳　耿　剑
装帧设计：季晨设计工作室
责任印制：王卫东
出版发行：中国妇女出版社
地　　址：北京市东城区史家胡同甲 24 号　　　邮政编码：100010
电　　话：（010）65133160（发行部）　　65133161（邮购）
网　　址：www.womenbooks.cn
法律顾问：北京市道可特律师事务所
经　　销：各地新华书店
印　　刷：北京通州皇家印刷厂
开　　本：185×260　1/16
印　　张：54.5
字　　数：880 千字
版　　次：2020 年 5 月第 1 版
印　　次：2020 年 5 月第 1 次
书　　号：ISBN 978-7-5127-1775-6
定　　价：169.00 元（全四册）